Thekiso Japhta Tlhapi

A poligamia é benéfica num contexto adequado

Thekiso Japhta Tlhapi

A poligamia é benéfica num contexto adequado

ScienciaScripts

Imprint

Cover image: www.ingimage.com

This book is a translation from the original published under ISBN 978-620-4-72721-9.

Publisher:
Sciencia Scripts
is a trademark of
Dodo Books Indian Ocean Ltd. and OmniScriptum S.R.L publishing group

120 High Road, East Finchley, London, N2 9ED, United Kingdom
Str. Armeneasca 28/1, office 1, Chisinau MD-2012, Republic of Moldova, Europe
Printed at: see last page
ISBN: 978-620-8-12314-7

A poligamia é benéfica num contexto adequado

Índice de conteúdo

Resumo

A poligamia é uma tradição indígena que é eficaz num contexto adequado. Um contexto apropriado para a prática da poligamia seria o das zonas rurais onde as pessoas consideram a prática da poligamia como parte da sua cultura e não adoptaram o estilo de vida ocidental. Um contexto adequado seria também num país onde há demasiadas mulheres e poucos homens. Tal situação pode ser causada por uma guerra em que muitos homens de um país são mortos. De acordo com Tracy (Castrillo, 2006), esta situação ocorreu durante a guerra do Vietname, quando muitos homens do Vietname do Norte foram mortos. Depois dessa guerra, houve falta de homens e as mulheres tiveram de recorrer à poligamia para poderem casar e ter filhos. Um contexto adequado seria também uma tradição ou uma religião que acredita na prática da poligamia. No caso da tradição e da religião, a poligamia é praticada em África (Hussein, 2002). No caso da religião, a poligamia foi e continua a ser praticada pelos mórmones nos EUA, em Israel e em alguns estados muçulmanos (Castrillo, 2006). A poligamia existe há milénios e ainda hoje é praticada. É amplamente praticada em muitos países africanos, como o Botsuana, o Quénia, a Nigéria, a África do Sul e o Sudão (Nkomazana, 1990; Olasore, 2016:1-3). De acordo com Olasore (2016), na Nigéria, a poligamia é praticada em todas as partes do país. É praticada por pessoas sem instrução, por pessoas com instrução e até por pessoas religiosas, porque o povo da Nigéria apercebeu-se de que o tipo de casamento ocidental não tem em consideração as normas sociais do povo africano. Por isso, regressaram à sua forma autóctone e consuetudinária de fazer as coisas. Ao contrário da monogamia, que obriga o homem a casar com uma só mulher de cada vez, a poligamia permite ao homem casar com quantas mulheres quiser. A poligamia foi praticada em muitos países antes de ser proibida em alguns deles, porque as autoridades decidiram que não era mais apropriada nas suas sociedades modernas. Nas suas sociedades modernas, a tecnologia tinha avançado a um nível em que o trabalho manual já não era necessário. Nas sociedades antigas, o trabalho manual era uma prerrogativa, porque ainda não tinham sido inventadas as máquinas modernas que substituíram o trabalho manual. No entanto, no continente africano e nos países do Médio Oriente, apesar da introdução da tecnologia moderna pelo Ocidente, a poligamia continua a prosperar porque é uma tradição e uma religião.

Palavras-chave: Contexto adequado, benéfico, tradição indígena, poligamia.

Introdução

Este estudo foi inspirado por uma conversa que o investigador teve com os seus familiares sobre a nossa ascendência. Nessa conversa, verificou-se que tanto os nossos antepassados maternos como os paternos praticavam a poligamia. O bisavô paterno do investigador era um homem rico. Tinha sete esposas e era capaz de cuidar de todas elas e dos seus muitos filhos. Quando os missionários lhe exigiram que renunciasse às suas outras mulheres e ficasse apenas com a primeira, recusou-se a fazê-lo, dizendo-lhes que seria insensível da sua parte renunciar às suas mulheres e filhos por causa da crença de um homem branco. Estava convencido de que os seus antepassados o castigariam se ele fizesse isso. O bisavô materno do investigador, por outro lado, cedeu às exigências dos missionários europeus e abandonou a sua segunda mulher e a sua filha pequena. Infelizmente, a sua única filha com a segunda mulher acabou por trabalhar nos campos agrícolas dos agricultores brancos aos catorze anos de idade para ganhar a vida, porque os missionários não tomaram medidas para que o pai continuasse a sustentá-la até à idade adulta. Neste cenário, a poligamia foi mais benéfica do que a monogamia, porque as mulheres e os filhos do meu bisavô paterno que se recusaram a desistir da poligamia foram poupados a uma vida de luta. Infelizmente, a segunda mulher do meu bisavô materno e o seu filho tiveram de sofrer porque o pai os abandonou para se juntar ao cristianismo. Na conversa que tivemos sobre a poligamia, os participantes condenaram a poligamia como sendo retrógrada e pecaminosa, mas não conseguiram apresentar razões convincentes para detestar a prática da poligamia, exceto o facto de não ser cristã. Ficaram muito ofendidos e falaram da poligamia como se fosse um tabu, esquecendo que todos os que estavam presentes eram produtos de casamentos poligâmicos, porque os nossos antepassados não muito distantes praticavam a poligamia.

Os familiares do investigador argumentam que a prática da poligamia foi abolida pelos missionários quando introduziram os indígenas no cristianismo, porque era uma má prática. No processo de introdução dos homens polígamos no cristianismo, os missionários obrigavam-nos a abandonar as suas outras mulheres e a ficar apenas com a primeira. Depois disso, podiam ser baptizados e aceites como membros da igreja. Os homens que se recusavam a renunciar às suas esposas extra eram impedidos de se tornarem membros da igreja. O investigador decidiu então utilizar a metodologia de investigação qualitativa para saber mais sobre a prática da poligamia. A metodologia de investigação qualitativa implica a realização de um estudo aprofundado do fenómeno em causa, a fim de adquirir mais conhecimentos sobre o mesmo.

Poligamia: O seu significado e ocorrência no mundo

A palavra poligamia tem origem na palavra grega: polygama, que significa casamento plural. A palavra poligamia inclui a poliginia, em que um homem casou com mais do que uma mulher, e a poliandria, em que uma mulher casou com mais do que um homem. A poligamia era praticada pelos fuegianos, australianos, negritos, indianos, índios americanos e africanos. Também era praticada na China e na Turquia e, em épocas passadas, era predominante entre os povos da Ásia Ocidental. Os gregos e os romanos não praticavam a poligamia em nenhuma medida. Nos celtas e na Alemanha, a prática da poligamia era ocasional (The New International Encyclopedia in Hussein, 2002).

Até que ponto a poligamia é praticada atualmente

De acordo com Bergstrom; Hartung (Elberdour, Onuegbuzie, Caridine e Abu-Saad, 2002), a poligamia é legalmente praticada em 850 sociedades em todo o mundo. A poligamia é maioritariamente aceite por grupos étnicos e religiosos não ocidentais. Este facto demonstra que a poligamia continua a ser um tipo de casamento bem respeitado entre os grupos raciais não ocidentais. Garenne e van de Valle (Elberdour et al. 2002) referem que, em África, a poligamia é um casamento tradicional típico, pois é onde é mais praticada.

A poligamia é considerada uma forma válida de casamento na Argélia, Chade, Gana, Benin, Congo, Gabão, Togo, Tanzânia, Arábia Saudita e Israel (nas comunidades árabes beduínas) (Welch e Click, em Elberdour et al. 2002). De acordo com Caldwell e Caldwell (Elberdour et al. 2002), estima-se que 20-50% de todos os casamentos em África são polígamos. Chaleby (Elberdour et al. 2002) estima que entre 8% e 13% de todos os casamentos no Kuwait são polígamos. Como o desejo de ter filhos é a principal razão para a prática da poligamia, são maioritariamente as mulheres sem filhos que se encontram em casamentos poligâmicos (Gage-Brandon; Sichona, in Elberdour et al. 2002). Isto é um testemunho do facto de que, para as nações não ocidentais, um casamento sem filhos não é completo. Existe também uma prática entre as comunidades árabes beduínas, em que dois homens casam com a irmã um do outro e, quando um desses homens toma uma segunda mulher, o outro homem sente-se pressionado a tomar também uma segunda mulher (Al-Krenawi e Graham in Elberdour et al. 2002). Esta é também uma das razões que contribuem para a poligamia entre as comunidades árabes beduínas. As razões demográficas também são responsáveis pela estrutura matrimonial poligâmica. Estas estruturas são a elevada mortalidade infantil e o facto de haver mais mulheres do que homens em idade de casar. Outras razões para a prática da poligamia são o desejo de garantir a estabilidade e a segurança socioeconómica da família. A poligamia proporciona filhos adicionais que são importantes para o trabalho, apoio emocional e segurança para os pais na velhice (Klomegah in Elberdour et al. 2002). As comunidades que praticam a poligamia acreditam que quanto mais filhos uma família tiver, mais produtiva economicamente se tornará. Esta crença encontra-se principalmente em comunidades que praticam agricultura de subsistência e não em comunidades que adoptaram tecnologia moderna que lhes fornece maquinaria agrícola sofisticada.

De acordo com Elberdour et al. (2002), a religião também desempenha um papel importante na prática da poligamia, tal como foi confirmado por um estudo efectuado por Peterson na Nigéria em 1999. Neste estudo, Peterson (Elberdour et al. 2002) descobriu que os homens que praticam o Islão têm muito mais probabilidades de se tornarem polígamos do que os homens cristãos. No estudo nigeriano de Peterson, 98% das esposas polígamas eram muçulmanas. Além disso, no estudo de Klomegah, a distribuição das afiliações religiosas das esposas em casamentos polígamos foi a seguinte: Muçulmanas 43%, Católicas 25%, Protestantes 24%, e sem afiliação religiosa 39% (Klomegah, in Elberdour et al. 2002). O estudo de Klomegah de 1997 mostra que as pessoas que praticam o Islão ou as religiões tradicionais têm maior probabilidade de se envolverem em casamentos polígamos.

Speizer (Elberdour et al. 2002) descobriu que os homens monogâmicos nas zonas rurais da África Subsariana tinham mais filhos do que os das zonas urbanas porque é mais barato sustentar e educar os filhos nas zonas rurais do que nas zonas urbanas. Outra razão é que ter muitos filhos nas zonas rurais proporciona mão de obra suficiente para a agricultura. As zonas rurais são também contextos apropriados para a prática da poligamia, que produz muitos filhos, os quais, por sua vez, são importantes para a agricultura. Klomegah (Elberdour et al. 2002), por outro lado, descobriu que na África subsaariana não havia grande diferença na prática da poligamia entre as zonas urbanas e rurais. Cerca de 25% das mulheres em casamentos polígamos viviam em zonas urbanas e cerca de 32% viviam em zonas rurais. Isto significa que a poligamia na região subsariana é amplamente praticada tanto nas zonas urbanas como nas rurais. No seu estudo, Peterson (Elberdour et al. 2002) não encontrou diferenças entre as mulheres envolvidas na prática da monogamia e da poligamia nas zonas urbanas e rurais da região subsariana. Isto mostra que na região subsariana a poligamia ainda está profundamente enraizada.

Efeitos da poligamia no desenvolvimento das crianças na perspetiva da investigação

No que diz respeito à saúde emocional das crianças em casamentos poligâmicos e monogâmicos, os investigadores têm opiniões diferentes. Por exemplo, Swanson, Massey e Payne (Elberdour et al. 2002) são da opinião de que fazer parte de uma família poligâmica muito grande, com muitos modelos a seguir, é benéfico para as crianças. Minde (Elberdour et al. 2002) também sugere que uma família poligâmica proporciona muito calor e afeto, o que é bom para a saúde mental das crianças. Estas opiniões contribuem para os benefícios da poligamia. No entanto, como nada é perfeito, Camara; Achte e Schakit (Elberdour et al. 2002) sugerem que nos casamentos poligâmicos ocorrem conflitos, ciúmes, ansiedade e insegurança. No entanto, isto não exclui os benefícios da poligamia, uma vez que tudo tem as suas vantagens e desvantagens, incluindo a monogamia. Por exemplo, os filhos de um casamento monogâmico tóxico, em que os pais estão sempre a discutir, também podem ser afectados negativamente.

A questão da poligamia no que diz respeito às igrejas

A poligamia ainda é praticada atualmente por razões culturais e religiosas. África é o continente onde a poligamia é mais praticada do que noutros continentes. A poligamia foi e continua a ser um problema difícil devido às seguintes razões

. Trata-se de um costume tradicional que entra em conflito com a visão cristã do mundo

. Tem funções sócio-económicas. Muitas pessoas, depois de aderirem ao cristianismo, não querem mudar, mas continuam a praticar a poligamia. Por conseguinte, os missionários e os pastores locais têm-se deparado com problemas ao tentarem encontrar uma solução para esta questão ética (Hussein, 2002).

Um dos problemas referidos por Hiebert (Hussein, 2002) é que, se a Igreja pode aceitar a poligamia, será muito difícil livrar-se dela na comunidade, mais especialmente nas zonas rurais. O problema que surge nesta situação é: como é que a igreja vai ser sensível às necessidades das pessoas que praticam a poligamia e, ao mesmo tempo, ser fiel à sua crença cristã? Se a poligamia não for permitida e o marido for forçado a abandonar as suas outras mulheres e filhos e ficar apenas com a primeira mulher e os seus filhos, quem é que vai cuidar do grupo abandonado? Hiebert (Hussein, 2002) menciona um caso em que um missionário encorajou o seu seguidor polígamo a "libertar-se para o batismo, deixando de lado todas as suas outras esposas e ficando apenas com a primeira. O missionário aconselhou-o que a sua outra opção era esperar que todas as suas esposas, exceto uma, morressem; então ele poderia ser batizado. O missionário estava a tentar ser fiel à política da sua igreja, mas a sua primeira sugestão era injusta e insensível para com o homem e a sua família, porque não estava previsto que alguém tomasse conta deles a partir de agora.

Argumentos culturais a favor da poligamia numa perspetiva africana

De acordo com Husein (2002), os africanos defendem a poligamia com base nos seguintes pontos de vista:

O social,

O económico,

A cultura e

Os pontos de vista tradicionais

Sempre que a poligamia é uma forma de casamento culturalmente aceite, é preferida à monogamia. Isto é compreensível porque a poligamia está profundamente enraizada na cultura africana. A cultura africana desenvolveu a prática da poligamia há muito tempo. O mesmo se aplica à monogamia, que foi desenvolvida pela cultura greco-romana, de onde provém o cristianismo, e que não praticava a poligamia. Por conseguinte, seria justo que as duas culturas se respeitassem mutuamente e não que uma tentasse impor a sua maneira de fazer as coisas à outra. O'Donovan (Hussein, 2002) apresenta as seguintes razões pelas quais, nas sociedades tradicionais africanas, a poligamia é preferida à monogamia:

. Numa sociedade tradicional, é importante para um homem manter o nome da sua família nas gerações futuras.

. O facto de ter várias mulheres garante normalmente que terá muitos filhos homens para dar continuidade ao seu nome.

. Nas sociedades africanas, acredita-se que, ao ter muitos filhos e netos, a pessoa será recordada e honrada muito depois da sua morte.

. Nas sociedades agrícolas, a existência de várias esposas é uma forma de garantir a existência de muitos filhos e também a mão de obra necessária para a agricultura, a criação de gado e as tarefas domésticas. Isto inclui a prestação de ajuda quando necessário, como quando alguém está doente. Uma família numerosa é vista pela comunidade africana como um sinal de força.

. Como é comum que muitas esposas africanas se recusem a ter relações sexuais com os seus maridos até dois anos após o nascimento de um filho, ter várias esposas é uma forma de o marido evitar a imoralidade sexual.

. Uma vez que a cultura africana tem valores comunitários muito fortes, ter muitas esposas garante uma família numerosa, que é vista como a forma de aumentar a felicidade e o sentido da vida.

. Se uma pessoa tiver muitas filhas, a sua riqueza aumentará significativamente através do preço da noiva aquando do casamento dessas filhas.

. Há uma crença em muitas tribos de que é muito mau ser uma mulher solteira e não ter filhos. Como resultado desta crença, muitas mulheres africanas preferem ser uma de várias esposas do que ser solteiras.

. A poligamia resolve o problema das mães solteiras.

. Ter várias mulheres e muitos filhos faz com que uma pessoa se sinta segura quanto aos seus cuidados na velhice.

. A poligamia oferece às mulheres a segurança e a dignidade necessárias para a sua auto-realização.

. Em caso de morte de um marido cuja mulher não tenha ultrapassado a idade de procriar ou quando o falecido não tenha deixado um herdeiro do sexo masculino, o irmão do falecido é obrigado a casar com a viúva do seu irmão (herança da viúva), o que dá origem à poligamia.

Como estes argumentos sugerem, a poligamia faz sentido do ponto de vista tradicional africano.

Uma visão geral da poligamia na Bíblia

Antigo Testamento

De acordo com Hussein (2002), o Antigo Testamento não é contra a poligamia. As pessoas que se seguem são pessoas importantes no Antigo Testamento que praticavam a poligamia:

Lameque, o primeiro polígamo, tinha duas mulheresGén . 4:19

Abraão tinha duas mulheresGen 16:3

Esaú tinha três mulheresGen.................... 26:33; 28:9

Jacó tinha quatro esposasGen 29:31; 30:3,9

Gideão tinha muitas mulheres (70 filhos) ...Juízes 8:30

Elcana tinha duas mulheres1 ....Samuel 1:2

David tinha oito esposas1 ..... Sam. 18:17; 2 Sam-3:2-5

Salomão tinha 300 esposas e 700 concubinas 1 Kg. 3:1;11:3

Roboão tinha dezoito . mulheres2Crónicas 11:12

Abias tinha catorze .... esposas2Cron . 13:21

Joás tinha duas mulheres2Crónicas 24:3

No Antigo Testamento, havia regras que regulavam a poligamia e limitavam a sua aplicação em determinadas circunstâncias. O Deuteronómio, 17:17, informa-nos que os reis de Israel não deviam multiplicar as suas mulheres. Tal como o casamento monogâmico (um marido e uma mulher), a bigonomia tem a sua quota-parte de problemas e as leis de intervenção, como em Deuteronómio 21:15-17, destinavam-se a garantir que as crianças recebiam aquilo a que tinham direito.

Nas sociedades judaicas e em muitas sociedades tradicionais, como já foi referido (África), a poligamia é considerada um casamento legítimo e não um adultério. No seu trabalho com o povo judeu, Deus nunca condenou a sua prática da poligamia (Hillman in Hussein, 2002).

O facto de Deus não ter condenado a poligamia quando tratou diretamente com o povo judeu, mostra que não a desaprovava. É por isso que as igrejas que usam o Antigo Testamento permitem a prática da poligamia, desde que não entre em conflito com as leis do país.

Novo Testamento

. A poligamia não era praticada nas sociedades grega e romana da época. Hillman (Hussein, 2002) salienta que "apesar de podermos encontrar numerosos vestígios de poligamia e poliandria nos mitos gregos, a monogamia predominava no mundo grego no período histórico. A moralidade no casamento era rigorosa. O herói homérico tinha uma só mulher, que era fiel e inviolável, boa gestora do lar e mãe. Assim, o casamento grego era monogâmico".

. A poligamia não era praticada no mundo romano fora da Palestina, embora a bigamia ilegal e alguns adultérios o fossem.

. A poligamia era praticada de alguma forma no judaísmo palestiniano do século I pelos líderes governamentais/aristocráticos: J. Jermias, citando Josefo, o escritor histórico judeu, diz que "era praticada em dois sítios. No entanto, entre a seita do Mar Morto (Qumran) não era muito prática, especialmente entre os rabinos. Por isso, era geralmente praticado entre os líderes aristocráticos". [Jermias, 90-96].

É, portanto, claro que durante a era do Novo Testamento a poligamia era praticada pelos líderes aristocráticos.

Poligamia: Um estudo de caso ético

De acordo com Hussein (2002), o evangelista Bekele Tamirat, que foi enviado para a parte ocidental da Etiópia para pregar o Evangelho, conseguiu converter muitas pessoas em cristãos. Contudo, passadas algumas semanas, descobriu que algumas dessas pessoas praticavam a poligamia. Condenou a prática da poligamia e obrigou os maridos a abandonarem as suas esposas extra e a ficarem apenas com as suas primeiras esposas. Infelizmente, as esposas abandonadas e os seus filhos sofreram e alguns deles até morreram de fome. Depois de se aperceberem do que estava a acontecer às esposas e filhos abandonados, alguns polígamos abandonaram a igreja porque optaram por continuar a ser polígamos. Como resultado disso, a comunidade rural onde este infeliz acontecimento ocorreu, criticou severamente os maridos que abandonaram as suas esposas e filhos extra. Ao receber o relato do que aconteceu, o escritório da Conferência da Igreja de Meserete Kristos teve dificuldade em tentar resolver o problema. Neste cenário, a poligamia foi mais benéfica do que a monogamia. Se a Igreja não tivesse obrigado os homens polígamos a renunciar às suas esposas extra, este infeliz incidente poderia ter sido evitado. O gabinete da Conferência da Igreja Meserete Kristos teve de se colocar estas questões:

. Devem os homens ser aceites como membros da Igreja com as suas relações poligâmicas?

. Como é que alguém pode manter todas as suas mulheres e ser fiel ao cristianismo bíblico?

. Como é que a igreja pode manter o seu carácter distintivo?

. Qual deve ser a resposta ética da igreja, a Meserete Kristos?

Abordagens práticas das igrejas para lidar com a poligamia

Hussein (2002) chama a nossa atenção para o facto de que diferentes denominações têm feito diferentes abordagens para tratar a difícil questão da poligamia na história e ainda hoje.

Kraft (Hussein, 2002) dá o seguinte conselho:

." Antes de fazer qualquer juízo moral sobre um costume ou de procurar mudá-lo, o respeito pelas pessoas que o praticam exige que façamos todos os esforços para compreender o costume do seu ponto de vista." . Hiebert (Hussein, 2002) dá um conselho semelhante ao de Kraft. Ele afirma que:

. "Se a Igreja proibir a poligamia, terá de tomar outras medidas para as viúvas e os órfãos, uma vez que as pessoas já não podem recorrer às suas soluções tradicionais. Os missionários têm de compreender que as mudanças que introduzem têm muitas vezes consequências de grande alcance noutras áreas da vida das pessoas, e têm de ser sensíveis a efeitos secundários não intencionais."

De acordo com Hussein (2002), as diferentes denominações têm tomado decisões diferentes.

As igrejas africanas fazem o seguinte:

Luteranos: Aceitam os polígamos como eles são e realizam-lhes todos os sacramentos cristãos. Ao mesmo tempo, incentivam-nos a desenvolver virtudes e práticas cristãs, tais como:

. Sabendo que há menos tempo privado com cada pessoa, o marido polígamo deve ser sensível à gestão do tempo com as suas mulheres, de modo a evitar o ciúme e o ódio. Além disso, o marido é rigorosamente avisado para não fazer favoritismo.

. Sabendo que com mais pessoas há mais custos, o marido deve distribuir o seu material e dinheiro proporcionalmente às suas mulheres. Ele deve certificar-se de que ninguém é privado.

. Mais pessoas significam mais trabalho a fazer, pelo que o marido deve ser suficientemente tolerante para satisfazer as necessidades de cada um de forma igual.

. O marido deve ser capaz de integrar com alegria cada membro adicional da família (os recém-nascidos).

Católicos

De acordo com Hillman (Hussein, 2002), após a decisão tomada pelo Concílio de Trento em 1563, os líderes da Igreja ainda divergem sobre a questão da poligamia. Alguns líderes defendem que a questão específica da poligamia ainda está resolvida juntamente com a questão do divórcio. Outros líderes da Igreja acreditam que a poligamia é uma boa prática tradicional porque tem resultados socioeconómicos benéficos. Esses líderes, que acreditam que a poligamia é uma boa prática, abordam as questões éticas das seguintes maneiras diferentes:

. "Alguns missionários têm tentado simplesmente adiar o batismo de catecúmenos polígamos até que sejam muito velhos ou estejam a morrer

. Outros lidam com todo o problema de uma forma ainda mais negativa: evitam apresentar o evangelho aos polígamos

Outras igrejas protestantes:

Os missionários de outras igrejas protestantes rejeitaram totalmente a prática da poligamia. No entanto, concordam que não é cristão exigir que um homem que casou com muitas mulheres abandone todas as suas outras esposas e fique apenas com a primeira. Afirmam que seria injusto e irresponsável da parte do marido, que se comprometeu a cuidar das suas mulheres, abandoná-las (Nm 30,1-2,16). Por isso, decidiram resolver o problema através de orações de apoio e aconselhamento do pastor e dos anciãos da igreja, para que Deus possa resolver as coisas à sua maneira perfeita.

Segundo Hussein (2002), Santo Agostinho (354-430) reconheceu explicitamente a profunda influência da cultura greco-romana sobre a compreensão e a estrutura do matrimónio entre os primeiros cristãos. Isto é compreensível porque, desde o início, a cultura greco-romana não permitia a prática da poligamia. Por outras palavras, desde o início que a Grécia e Roma não praticavam a poligamia; por isso, segundo eles, a poligamia não é aceitável. De acordo com Hillman (Hussein, 2002), Agostinho, juntamente com outros pais da Igreja, defendia que a regra cristã da monogamia estava enraizada nos ensinamentos do Novo Testamento. Para Agostinho, estava enraizada precisamente no significado sacramental do casamento. Segundo Hillman

(Hussein, 2002), Santo Agostinho defendia ainda que a poligamia já não era

A ideia de que a Igreja é um lugar de vida e de trabalho, que é permitido nos tempos do Novo Testamento, foi alterada devido à mudança da situação histórico-cultural. Isto mostra que, com o passar do tempo, as pessoas desenvolvem novas ideias para responder às exigências das situações em constante mudança a que estão expostas. No entanto, Hussein (2002) salienta que a maior parte dos missionários ocidentais (católicos, protestantes, cristãos ortodoxos orientais) que se deslocaram a outras culturas se depararam com a prática da poligamia e a maior parte deles tentou lidar com ela de diferentes formas, cada uma alegando representar a "vontade de Deus".

A visão cristã africana da poligamia e os seus efeitos

De acordo com Maillu (Baloyi, 2013), a poligamia é um costume enraizado que tem sido praticado em África desde há muito tempo. Por outro lado, Gold (Baloyi, 2013) chama a nossa atenção para um padre que ensinou à sua congregação que a poligamia era um pré-requisito para entrar na sua igreja. Os líderes religiosos africanos estão a interpretar a Bíblia de acordo com a sua cultura, afastando-se assim da interpretação ocidental da Bíblia que era dominante quando os missionários introduziram o cristianismo em África. Os muçulmanos também praticam a poligamia. De acordo com Hillmann (Baloyi, 2013), Santo Agostinho e São Tomás de Aquino ensinaram que a poligamia era permitida no Antigo Testamento e que não é contrária à lei da natureza nem à Bíblia. Santo Agostinho e São Tomás de Aquino são alguns dos pais do cristianismo (Hussein, 2002).

Baloyi (2013) salienta que, do ponto de vista africano, as igrejas cristãs estão divididas em três categorias, nomeadamente

. As chamadas (igrejas de linha principal),

. As Igrejas Independentes de África (AIC), e

. As igrejas pentecostais.

De acordo com Waruta e Kinoth (Baloyi, 2013), o cristianismo missionário ocidental defende que a monogamia é a única forma de casamento aceite. Defendem que a afirmação de que um homem ou uma mulher deixa a sua mãe e o seu pai e que os dois se tornam uma só carne é a coisa certa a fazer. Waruta et al. (Baloyi, 2013) consideram esta afirmação como uma atitude puritana e hipócrita em relação à sexualidade humana. Além disso, defendem que a insistência da preferência das igrejas cristãs ocidentais por um estilo de vida mais individualista e por famílias nucleares criou muita confusão e ansiedade na sociedade africana contemporânea. Os missionários costumavam obrigar os homens que tinham muitas esposas a abandonar as outras esposas e a ficar apenas com a primeira. Os casais casavam-se então na igreja. Mugambi (Baloyi, 2013) salienta que isto não resolvia os problemas das mulheres abandonadas e dos seus filhos. A este respeito, Wunderink (Baloyi, 2013) cita Isabel Phiri, que salienta que a prática de obrigar os maridos a abandonar as outras mulheres mostra que, embora os missionários tivessem boas intenções, não tinham uma solução adequada para a questão da poligamia. Assim, as suas acções conduziram ao divórcio sem tomar as medidas necessárias para que as crianças abandonadas fossem tratadas.

Segundo Hillmann (Baloyi, 2013), o bispo John Colenso, de Natal, estava consciente das fraquezas desta prática quando salientou que obrigar os maridos a abandonar as suas outras mulheres e os seus filhos antes de os converter ao cristianismo "está em oposição ao ensinamento de Deus". Esta recusa dos missionários em aceitar os polígamos obrigou os membros das suas congregações a aderirem às Igrejas Africanas Iniciadas ou AIC, que aceitam os polígamos como membros de pleno direito (Jenkins in Baloyi, 2013). De acordo com De Bruyn (Baloyi, 2013), Densen Mafinyani, do Conselho de Igrejas do Zimbabué (ZCC), tentou persuadir o Conselho Mundial de Igrejas (WCC) a aceitar como membros as igrejas que aceitam polígamos como membros da sua congregação. Densen Mafinyani salientou que, de acordo com a tradição africana, "a poligamia não é errada nem má". Kahiga (Baloyi, 2013), por outro lado, salienta que "a epistemologia africana difere da epistemologia ocidental e reconhece as uniões monogâmicas e poligâmicas como indissolúveis; também afirma que o divórcio não é um conceito africano, mas um conceito ocidental". Kahiga (Baloyi, 2013) também salienta que as Igrejas africanas não rejeitam a poligamia porque acreditam que a "poligamia oficial" não é um problema, mas que a "poligamia não oficial" é um problema. A poligamia oficial, segundo a tradição africana, é quando um homem casou com muitas mulheres pagando lobola por elas. A poligamia não oficial é quando um homem tem relações sexuais com muitas mulheres sem ter pago lobola por elas.

Contextos em que a poligamia pode ser benéfica e outros em que pode não o ser

De acordo com Castrillo (2006), para além de ser praticada pelos seguidores da religião dos Mórmones nos EUA, a poligamia também tem sido praticada por outras nações em todo o mundo. Tracy (Castrillo, 2006) salienta que a poligamia continua a ser praticada em África, mais especialmente na África Oriental. Na África Oriental, as pessoas praticam a poligamia porque praticam uma agricultura de subsistência, que exige muito trabalho manual. Um homem que tenha muitas mulheres e filhos terá, portanto, a mão de obra necessária para cuidar dos seus campos agrícolas. Além disso, em África, ter muitas mulheres e muitos filhos aumenta a posição social de um homem. A poligamia também é praticada no Vietname, mas por razões diferentes das das pessoas que a praticam em África. No Vietname, a poligamia é praticada porque muitos homens do Vietname do Norte foram mortos durante a guerra do Vietname. Como resultado da perda de muitos homens jovens na guerra, muitas mulheres entre os trinta e os quarenta anos não conseguiam encontrar maridos. Estas mulheres decidiram então contrair casamentos poligâmicos para poderem ter filhos. Por conseguinte, é evidente que no Vietname a poligamia não se baseava na religião ou na tradição, mas na necessidade. Por conseguinte, é razoável argumentar que a poligamia era benéfica neste contexto.

De acordo com Ali (Castrillo, 2006), a poligamia também é praticada na cultura islâmica, onde um homem pode ter até quatro esposas. No Islão, cada mulher deve ter direitos iguais no que diz respeito aos assuntos familiares e à herança. A condição mais importante no Islão é que um homem deve ser capaz de tratar as suas mulheres de forma igual; se não estiver em condições de o fazer, só pode casar com uma mulher. É, portanto, evidente que na cultura islâmica a poligamia não pode ser abusada, porque se um homem não tiver recursos suficientes ou a capacidade de casar com muitas mulheres e tratá-las de forma igual, não lhe é permitido fazê-lo. Assim, a poligamia é bem gerida na cultura islâmica.

De acordo com Castrillo (2006), os chineses também praticavam a poligamia na antiguidade. Durante os séculos XV e XVI, foi declarado que, de acordo com o confucionismo, o sistema de crenças filosófico e cultural chinês, a poligamia era legal. Durante esse período, acreditava-se que, de acordo com o confucionismo, morrer sem ter tido filhos para levar a sua linhagem para o futuro era um pecado. Os chineses aperceberam-se então que a poligamia resolveria este problema. Um homem podia então casar com várias mulheres e, se a primeira mulher morresse, podia substituí-la por outra. Com o passar do tempo, a poligamia foi declarada ilegal na China (Tracy in Castrillo, 2006). A causa da abolição da poligamia pode ter sido a industrialização, a explosão demográfica e o elevado custo de vida. Atualmente, em países altamente industrializados, como os EUA, a China e os países da Europa Ocidental, um homem que tenha casado com cinco mulheres e tenha vinte filhos teria muita dificuldade em sustentá-los adequadamente, porque o custo de vida é muito elevado nesses países. Além disso, teria problemas de alojamento para a sua numerosa família. Os países altamente industrializados têm populações muito grandes e, por isso, a cada família é atribuído apenas um pequeno pedaço de terra. Além disso, um pequeno pedaço de terra nas zonas urbanas dos países altamente industrializados é muito caro. A poligamia nesses países seria, portanto, impraticável.

Como funciona a poligamia

Um homem que queira juntar uma nova mulher à sua família tem de começar por escolher uma mulher. Antes de um homem poder juntar uma nova esposa à sua família, é necessário refletir muito antes de tomar a decisão de o fazer. Depende da cultura a que o grupo pertence. No caso do grupo fundamentalista, o seu profeta, os pais da potencial esposa e a atual esposa ou esposas têm de ser incluídos na tomada de decisão. Em todas as culturas, são os homens com posses económicas que têm mais probabilidades de casar com mais do que uma mulher. A razão é que esses homens são capazes de pagar o dote (lobola) das noivas; e são também capazes de proporcionar uma vida confortável às suas muitas esposas e filhos (Altman e Ginat in Castrillo, 2006).

De acordo com Altman e Ginat (Castrillo, 2006), em muitas culturas a primeira esposa é arranjada pelos pais dos casais, enquanto a segunda é normalmente escolhida pelo próprio homem porque existe afeto entre eles. Noutras culturas, é a primeira mulher que incentiva o marido a procurar uma segunda mulher. Nalgumas culturas, é o homem que escolhe a segunda mulher sem falar com a primeira mulher. Em algumas culturas, as outras esposas participam na cerimónia, enquanto noutras não. No entanto, o casamento em si é realizado como o casamento monogâmico. Altman e Ginat (Castrillo, 2006) referem ainda que, após a chegada da nova esposa à nova família, esta tem de se adaptar a ela. A nova esposa pode ter dificuldades porque tem de se adaptar à vida com o marido e com outras esposas. Também podem surgir problemas se todos os membros da família viverem na mesma casa, porque a nova esposa pode sentir-se como uma estranha por não ter controlo sobre a casa. No início, pode haver ciúmes entre a nova mulher e a primeira, porque cada uma delas pode sentir-se ameaçada pela outra. Com o passar do tempo, a família adaptar-se-á à nova esposa e o marido começará a seguir um tipo de sistema rotativo de passar tempo com as suas esposas e filhos. Altman e Ginat (Castrillo, 2006) identificam os seguintes sistemas rotativos:

. O sistema rígido - neste sistema, o marido segue uma rotina fixa

. O "sistema rotativo laissez-faire" - neste sistema o marido tem uma rotina irregular

. O sistema flexível: em que o marido cumpre um horário na maior parte das vezes, mas por vezes não o faz, consoante as circunstâncias.

Altman e Ginat (Castrillo, 2006), no entanto, salientam que a maioria das famílias modernas utiliza o sistema flexível. O marido é quem normalmente define o horário, mas tenta certificar-se de que cada mulher e cada filho passam o mesmo tempo com ele.

White e White (Castrillo, 2006) afirmam que os Mórmones acreditavam que a poligamia daria a todas as mulheres a oportunidade de se casarem e terem filhos, o que eliminaria as mulheres solteiras que eram normalmente vítimas de exploração sexual e económica. Pensava-se também que a poligamia ajudaria a acabar com a prostituição e o abandono das crianças pelos pais. De acordo com Joseph (Castrillo, 2006), outros pensavam que a poligamia permitia às mulheres ter uma vida mais liberal, porque num casamento poligâmico há muitas mulheres para ajudar a cuidar das crianças. Alguns acreditam que a poligamia é muito útil para as mulheres de carreira, porque elas não têm de se preocupar em ir para casa cuidar dos maridos e dos filhos depois do trabalho.

A poligamia ajudaria as mulheres que trabalham por conta de outrem a concentrarem-se mais no seu trabalho. Por conseguinte, a poligamia alivia o stress das mulheres que trabalham, uma vez que não são obrigadas a cuidar dos maridos e dos filhos. No entanto, Kincaid (Castrillo, 2006) chama a nossa atenção para o facto de haver pessoas que consideram a poligamia inadequada, porque afirmam que transforma as mulheres em escravas. Isto é de esperar nos EUA, porque a escravatura dos negros era amplamente praticada e muitos americanos não suportavam a ideia de outro tipo de escravatura, que consideravam equivalente à escravatura. Além disso, os EUA praticam a cultura ocidental e a cultura ocidental não tem uma crença profundamente enraizada na prática da poligamia como o continente africano.

A poligamia em diferentes culturas

Poligamia no Botsuana

De acordo com Altman e Ginat (Nkomazana, 1990), a poligamia reforçava a posição política dos homens da época, porque tinham mais mulheres e filhos para fornecer mão de obra suficiente para produzir mais colheitas. Uma família que produzisse mais colheitas reforçava a economia da comunidade e, por sua vez, reforçava o estatuto político do chefe de família. De acordo com Mackenzie (Nkomazana, 1990), a poligamia era considerada um símbolo de riqueza e estatuto. Os chefes de família tinham frequentemente três a seis esposas, consoante a sua riqueza e posição social. Segundo Mackenzie (Nkomazana, 1990), um dos chefes, de nome Sekhome, que era rico, tinha doze mulheres. As razões económicas também contribuíam para a prática da poligamia, na medida em que uma família numerosa contribuía com muitas pessoas para trabalhar nos campos. Um homem que tivesse muitas mulheres e muitos filhos era respeitado porque ele e a sua família podiam cultivar mais campos e produzir mais colheitas. A produção de mais colheitas por uma família numerosa costumava aumentar o estatuto económico e a riqueza do chefe dessa família. No Botsuana, a poligamia era mais comum entre os Dikgose (Reis) e outras pessoas privilegiadas e ricas da sociedade. A prática habitual era que, tendo casado com mais de quatro ou cinco esposas, cada uma delas tinha o seu próprio complexo e ficava com os seus próprios filhos.

De acordo com Mackenzie (Nkomazana, 1990), no Botsuana, a poligamia também era praticada por razões políticas, especialmente por membros de famílias reais. A razão para formar tais aliados era fortalecer o morafe (o grupo tribal) através da formação de fortes aliados políticos entre indivíduos influentes na sociedade. Os indivíduos influentes na comunidade eram os conhecidos dingaka (curandeiros) e dikgosana (chefes de família). Também eram comuns os casamentos entre dois merafe (plural de morafe) vizinhos. Estes tipos de casamentos eram organizados com o objetivo de promover uma atmosfera política amigável entre os dois chefes supremos e as suas tribos. Este tipo de casamento era efectuado por um chefe supremo que oferecia a sua irmã a um chefe supremo vizinho para ser sua esposa, a fim de pôr fim às hostilidades entre as suas comunidades.

Um exemplo disso é o facto de Mzilikazi se ter abstido de atacar a comunidade Bakololo porque David Livingstone, que era casado com a filha de Moffatt, ficou lá com ela. Mzilikazi era amigo de Moffatt e considerava-o também o rei de Kudumane. Por conseguinte, não podia atacar a comunidade onde se encontrava a filha do seu amigo. De acordo com Mackenzie (Nkomazana, 1990), os homens do Botsuana também contraíam casamentos poligâmicos por razões sociais. Um homem que tivesse muitas mulheres e filhos, especialmente rapazes e muitos criados, era muito respeitado. Acreditava-se também que um homem que tivesse muitas mulheres e filhos era favorecido pelos badimo (antepassados), porque os antepassados ficavam satisfeitos com a continuação da sua linhagem. Os filhos do sexo masculino eram altamente favorecidos porque asseguravam a continuação do nome da família no futuro. Os rapazes também eram considerados importantes na criação de gado, porque geriam os postos de gado dos seus pais. A poligamia era um tipo de casamento culturalmente aceite e preferido pelos Batsuana em relação à monogamia. Os Batsuana consideravam a poligamia importante para a sobrevivência da família, porque assegurava o crescimento, a segurança, a continuidade, o prestígio e o estatuto. Acreditava-se também que a poligamia unia as pessoas no sistema de realeza. O sistema de parentesco permitia às pessoas saberem quem eram os seus antepassados e as coisas boas que tinham feito. Através do sistema de parentesco, o povo do Batsuana podia, portanto, aprender com a vida boa que os seus antepassados tinham vivido, a fim de melhorar as suas próprias vidas.

Hillman (Nkomazana, 1990) chama a nossa atenção para o facto de que, durante o período da prática da poligamia no Botsuana, a taxa de mortalidade infantil era muito elevada. Os homens do Botsuana aperceberam-se de que podiam compensar a elevada taxa de mortalidade infantil casando com muitas mulheres e tendo muitos filhos. Durante essa época, a segurança alimentar dependia da existência de famílias numerosas que pudessem fornecer a mão de obra necessária para trabalhar nos campos agrícolas. Durante esse período, a poligamia também ajudou a aumentar a população das comunidades. Além disso, Hillman (Nkomazana, 1990) afirma que a poligamia era vista como uma forma de aumentar o número de filhos durante o período de alta mortalidade infantil da época, garantindo assim a segurança, o estatuto social e a estima do pai. Um pai que tivesse muitos filhos e conseguisse sustentá-los de forma satisfatória era tido em grande estima. Um homem que não deixasse filhos suficientes era considerado como não tendo cumprido um importante dever de procriação durante a sua vida. Mbiti (Nkomazana, 1990) afirma que havia uma forte ligação entre os vivos e os badimo (antepassados). Os Batsuana acreditavam na vida após a morte, mas não da mesma forma que o cristianismo nos ensina que o espírito ou a alma de uma pessoa vai para o céu após a sua morte. O ditado zulu "aba se phanze" explica corretamente esta crença. De acordo com esta crença, pensava-se que os nossos antepassados nos governavam a partir dos seus túmulos. Se um homem tinha problemas na vida, costumava ir à sepultura do seu pai e deitar-lhe um pouco de rapé, enquanto cantava ao seu pai que lhe estava a fazer esta oferenda como sinal de gratidão pelo que ele tinha feito por ele enquanto estava vivo. Depois, pedia ao pai que o ajudasse a resolver os problemas que tinha na vida. O homem era geralmente guiado por um curandeiro tradicional durante a realização deste ritual. Esta crença no poder dos antepassados também contribuiu para a prática da poligamia pelos Batswanas. Acreditava-se que um homem que tivesse muitas mulheres e muitos filhos tinha cumprido os desejos dos seus badimo (antepassados). Se a primeira mulher de um homem não tivesse filhos, era-lhe permitido tomar uma segunda mulher sem deixar a primeira. Esta era uma prática sensível e correta, porque a primeira mulher não era abandonada só porque não tinha filhos.

Poligamia na Índia

De acordo com James, Sekher, Govil, Vaithilingam, Solomon (2021), a poliginia é uma situação em que um homem é casado com mais do que uma mulher ao mesmo tempo e é a forma de casamento poligâmico mais praticada na Índia. James et al. (2021) salientam que mais de 80% das sociedades permitiam a prática da poligamia nas sociedades primitivas. No entanto, este tipo de casamento foi abandonado por muitos homens nas sociedades industriais modernas devido ao aumento do custo de vida. Em 1955, a Lei do Casamento Hindu da Índia proibiu a prática da poliginia. Embora a poliginia tenha sido proibida entre os hindus, ainda há alguns que a praticam. A lei pessoal dos muçulmanos também permite a poliginia. Isto mostra que, apesar de ter sido proibida entre os hindus, a poliginia ainda existe na Índia. James et al. (2021) referem que a poliginia ocorre pelas seguintes razões

. Uma vez que a taxa de mortalidade dos homens é superior à das mulheres, esta situação conduzirá a um excedente de mulheres. Por conseguinte, muitas mulheres não encontrarão um homem para casar.

. O desejo de ter filhos para continuar a linhagem familiar

. Não ter um filho da primeira mulher

. A prática cultural que obriga os parceiros a absterem-se de ter relações sexuais durante longos períodos após o nascimento de uma criança, leva os homens a procurar outras parceiras.

James et al. (2021) admitem, no entanto, que a maior parte da literatura disponível sobre poliginia se baseia em países africanos onde a prática da poliginia é elevada. Salientam que a extensão da poliginia na Índia é ainda desconhecida e que é importante que seja conhecida, uma vez que tem consequências na sociedade indiana.

James et al. (2021) referem que esta investigação foi efectuada na Índia com mulheres de 15-49 anos envolvidas em poliginia. Foi-lhes feita a seguinte pergunta: "Para além de si, o seu marido tem outras mulheres?"

Este estudo utiliza dados da terceira (2005-06), quarta (2015-16) e quinta (2019-21) rondas do Inquérito Nacional de Saúde Familiar (NFHS). Estas rondas fornecem informações sobre casamentos poligínicos na Índia. A poliginia na Índia não é, portanto, tão amplamente praticada como em África.

Como explicado anteriormente, o termo poligamia engloba a poliginia e a poliandria. A poliginia é quando um homem se casa com mais do que uma mulher ao mesmo tempo e a poliandria é quando uma mulher é casada com mais do que um homem ao mesmo tempo. A poliginia é a forma mais praticada de poligamia.

Poligamia na Nigéria

Tipos de poligamia

Olasore (2016:1-3) identifica três tipos de casamentos tradicionais, nomeadamente

. Poliginia - neste tipo de casamento, o marido tem muitas mulheres.

. Poliandria - este tipo de casamento envolve uma mulher casada com vários maridos.

. Casamento de grupo - este é o caso em que um grupo de mulheres está casado com um grupo de homens e partilham esse grupo de homens de acordo com o seu acordo.

No entanto, a poliginia é a forma de poligamia mais comummente praticada. A poliginia é também o único tipo de casamento tradicional que é permitido em muitos países; por isso, também é normalmente referido como poligamia, excluindo os outros dois tipos de casamentos tradicionais.

De acordo com Olasore (2016), a poligamia é uma prática selvagem em África porque os africanos consideram-na parte da sua cultura e religião. A poligamia tem sido mais praticada no continente africano do que em qualquer outro continente. Por conseguinte, pode dizer-se com certeza que as pessoas do continente africano têm mais experiência em matéria de poligamia do que as pessoas de outros continentes; assim, a poligamia continua a prosperar em África até aos dias de hoje. Os africanos consideravam que ter muitos filhos era uma riqueza. A poligamia em África era vista como uma forma de construir um império. Um homem que tivesse muitas mulheres e muitos filhos tinha muita mão de obra para trabalhar nos seus campos agrícolas e podia, assim, produzir mais colheitas para alimentar os seus dependentes. A África do Sul é o país mais ocidentalizado de África, mas a poligamia continua a ser frequente nas suas zonas rurais. Na África do Sul, a poligamia é apoiada pelo antigo presidente do Estado, Jacob Zuma, que casou com muitas mulheres e tem muitos filhos. Olasore (2016) refere que o antigo presidente sudanês Omar al-Bashir também apoia e pratica a poligamia.

A sua razão é que a poligamia é importante para ajudar a aumentar a população do Sudão. De acordo com Olasore (2016:1-3), a poligamia é praticada sobretudo nos países da África Ocidental. É praticada pelas comunidades animistas e muçulmanas. Por exemplo, no Senegal, segundo Olasore (2016), mais de 47% dos casamentos são poligâmicos.

De acordo com Olasore (2016:1-3), a Nigéria, que se estima ter 40 milhões de casamentos polígamos, é considerada o país que lidera os outros no que diz respeito aos casamentos polígamos. Este número elevado de casamentos poligâmicos inclui um grande número de reis, chefes tradicionais, líderes religiosos, homens de negócios, funcionários do governo, políticos, membros das forças armadas, o poder judicial, agricultores e mendigos nas ruas. Isto deve-se ao facto de a Nigéria reconhecer os casamentos consuetudinários no âmbito do direito civil. A religião islâmica, que é amplamente praticada nos estados de Bauchi, Borno, Gombe, Jigawa, Kaduna, Kano, Katsina, Kebbi, Níger, Sokoto, Yobe e Zamfara, no norte do país, reconhece os casamentos poligâmicos como equivalentes aos casamentos monogâmicos, uma vez que todos os doze são regidos pela Sharia, que permite que um homem tenha mais do que uma mulher, desde que as trate de forma igual. A diferença entre a lei consuetudinária que rege a poligamia e a lei Sharia é que, na lei Sharia, um homem pode casar com mais do que uma mulher se tiver convencido o oficial de casamento de que pode tratá-las de forma igual. Isto significa que tem de estar em condições de lhes fornecer igualmente alimentos e de satisfazer igualmente as suas outras necessidades. Se não for capaz de o fazer, não é autorizado a casar com mais do que uma mulher. No que diz respeito ao direito consuetudinário que controla a poligamia, não há restrições; é por isso que mesmo os homens que não têm recursos suficientes podem aventurar-se a casar com mais do que uma mulher. No entanto, isto vai causar problemas porque o homem que não tem recursos suficientes não poderá sustentar mais do que uma mulher e muitos filhos.

Razões da poligamia na Nigéria

De acordo com Olasore (2016:1-3), as razões apresentadas para a prática continuada da poligamia na Nigéria são as seguintes

. Há pessoas que defendem que o desejo de ter muitos parceiros sexuais está enraizado na biologia humana básica, daí a ocorrência universal da poligamia

. As teorias que se baseiam em factores populacionais e ecológicos atribuem a ocorrência da poligamia aos longos períodos de abstinência sexual a que as mulheres têm de se submeter após o parto, em algumas culturas. Embora esta prática reduza o crescimento da população, também obriga os maridos a casarem com muitas mulheres para satisfazerem as suas necessidades sexuais

. As teorias demográficas defendem que, quando há uma elevada incidência de guerras, muitos homens são mortos, o que faz com que haja muitas mulheres que não conseguem encontrar parceiros masculinos. Estas mulheres recorrem então a casamentos poligâmicos.

Poligamia na África do Sul

Numa investigação realizada entre africanos na África do Sul em 1986 e posteriormente repetida em 2018, foram obtidos os seguintes resultados.

Explicações dos inquiridos: 1986

Anderson (2018) salienta que, numa investigação sobre a poligamia na África do Sul, as mulheres em casamentos poligâmicos apresentaram as seguintes vantagens da poligamia:

. Disseram-lhe que as mulheres casadas com um homem se ajudam mutuamente nas tarefas domésticas.

. A poligamia dá-lhes a oportunidade de socializarem com outras mulheres do mesmo agregado familiar. Isto garante que nunca lhes falta companhia.

. Uma mulher numa relação poligâmica pode fazer outras coisas, como arranjar emprego, porque os seus filhos serão cuidados pelas suas co-esposas.

. As mulheres defendem que os casamentos poligâmicos lhes permitem iniciar os seus próprios pequenos negócios, como por exemplo comprar roupa na cidade e depois vendê-la nas zonas rurais com lucro. Enquanto estão a vender roupa nas zonas rurais, uma coesposa está a cuidar da casa na cidade.

. As mulheres em casamentos polígamos ajudam-se umas às outras a criar os filhos. Um exemplo é quando uma mulher é empregada doméstica em Joanesburgo. Ela pode deixar os seus filhos com as suas co-esposas nas zonas rurais. As pessoas das zonas rurais geralmente consideram que as zonas urbanas não são ambientes adequados para criar os filhos.

. A escassez de homens foi citada como outra razão para a poligamia.

Explicações dos inquiridos: 2018

. Nas zonas rurais, as mulheres afirmavam que estavam em casamentos polígamos porque precisavam de companhia quando os seus maridos estavam fora, a trabalhar nas cidades.

. Os inquiridos também disseram ao investigador que não havia homens adequados em número suficiente para casar. Por conseguinte, a poligamia resolve o problema das mulheres solteiras.

. Algumas das mulheres disseram à investigadora que a poligamia resolve o problema das mulheres que querem ter muitos filhos. Explicaram que essas mulheres devem tornar-se segundas esposas de homens bem sucedidos, porque esses homens têm recursos para sustentar muitos filhos.

. Os africanos inquiridos de ambos os sexos defendem que os homens ricos devem praticar a poligamia para partilharem a sua riqueza com as pessoas comuns.

. Um inquirido do sexo masculino disse ao investigador que, após a menopausa, as mulheres deixam de estar interessadas em sexo, pelo que um homem deve casar com uma segunda mulher.

Todas as razões apresentadas acima mostram que os africanos ainda acreditam na poligamia. Pode, portanto, concluir-se que a poligamia está profundamente enraizada na cultura africana.

De acordo com Anderson (2018), existe um ditado Sotho que diz "sem uma coesposa, o trabalho de uma mulher nunca está feito". Este ditado apoia a poligamia. Diz que se um homem tiver duas ou mais mulheres, as tarefas domésticas são fáceis de fazer; e quando um homem tem uma mulher, é difícil para ela fazer as tarefas domésticas sozinha. Anderson (2018) afirma que muitas mulheres em Joanesburgo concordam que, quando há mais do que uma mulher no agregado familiar, as coisas são feitas com facilidade. Estas mulheres argumentaram que a ajuda de uma coesposa ou de uma sogra é um fator importante na sua decisão de contrair um casamento polígamo. Anderson (2018) também salienta que as mulheres Kapsiki dos Camarões também concordam com as mulheres sul-africanas que é importante para um homem ter mais do que uma esposa para facilitar as tarefas domésticas. As mulheres Kapsiki nos Camarões, no entanto, salientam que é benéfico para um homem ter duas esposas, desde que a segunda esposa não se torne inimiga da primeira. Este problema de ciúmes pode ser resolvido se o marido construir casas separadas para as suas mulheres. Assim, cada mulher terá controlo total sobre a sua casa.

De acordo com Anderson (2018), as mulheres africanas não concordam com o estereótipo dos EUA de que um marido na região subsariana oprime as suas esposas. Defendem que cada mulher num casamento poligâmico tem mais liberdade do que num casamento monogâmico, porque há co-esposas que a ajudam a afastar o domínio do marido. No entanto, as mulheres admitem que a esposa pode, por vezes, ser objeto de críticas por parte das co-esposas. Estas mulheres estão a ver as coisas a partir da sua perspetiva tradicional africana, enquanto as pessoas nos EUA estão a ver as coisas a partir de uma perspetiva ocidental. A situação no Sub-Sahara é diferente da dos EUA. O que funciona para as pessoas nos EUA pode não funcionar para as pessoas na região subsariana. Anderson (2018) salienta que, na Serra Leoa, 80% das mulheres estão envolvidas em casamentos polígamos, mas afirmam que não são oprimidas pelos seus maridos polígamos, porque têm o apoio das co-esposas para evitar o domínio do marido sobre as finanças do agregado familiar e os seus rendimentos. Estas mulheres também afirmam que, nos casamentos monogâmicos, o marido controla tudo.

No que diz respeito à situação na África do Sul, Anderson (2018) afirma que os esforços envidados pelo novo governo para promover a igualdade entre os géneros permitiram que as mulheres obtivessem emprego e se tornassem independentes. Esta evolução conduziu, por sua vez, a uma diminuição da prática da poligamia. A razão para tal pode ser o facto de as mulheres negras que trabalham poderem agora levar os seus filhos aos infantários. Esta situação é diferente da que se verificou na Serra Leoa, onde o emprego das mulheres não afectou a prática da poligamia. Na África do Sul, as mulheres afirmaram que a ajuda na educação dos filhos era a principal razão para se envolverem em casamentos polígamos. Estas mulheres alegaram que não se encontravam na mesma situação que as mulheres brancas ricas casadas monogamicamente, que podiam dar-se ao luxo de levar os seus filhos a infantários. De acordo com Anderson (2018), em todos estes casamentos poligâmicos, a coesposa que permanecia nas zonas rurais cuidava de todas as crianças enquanto as mães trabalhavam nas zonas urbanas. Nos casos em que todas as co-esposas trabalhavam nas cidades, as crianças ficavam com a mãe do marido ou com a mãe de uma das co-esposas. Anderson (2018) conclui, por conseguinte, que o motivo mais importante para as mulheres negras sul-africanas se envolverem em casamentos polígamos foi a inclusão de mais uma mulher adulta no processo de educação dos filhos.

No seu estudo realizado em Kwa-Zulu Natal, Mkize e Zondi (2015:1-2) concluíram que a poligamia e a prática de ilobola (dote) ainda estão enraizadas na cultura africana e são amplamente praticadas. No entanto, Mkize e Zondi (2015) centraram-se em mulheres com formação académica, para descobrir as suas atitudes em relação à poligamia. Estas mulheres pertenciam à classe média, tinham formação académica e estavam empregadas e residiam numa zona semi-urbana. Mkize e Zondi (2015) descobriram que estas mulheres apoiavam a poligamia, embora por razões diferentes. As primeiras esposas não tinham problemas quando os maridos tomavam outras esposas, o que demonstra que ainda se sentem confortáveis com a prática tradicional da poligamia, apesar de serem financeiramente independentes.

Os investigadores descobriram que as mulheres que apoiavam a poligamia queriam manter a sua cultura e as que não a apoiavam, faziam-no por moralidade, provavelmente influenciada pelo cristianismo.

Poligamia na região subsariana

Este estudo foi realizado no Gana e no Senegal (África Ocidental), no Quénia (África Oriental) e no Zimbabué (África Austral). De acordo com Boeserup e Kuper; Timus e Graham (Hayase e Liaw, 1997), na região subsariana a poligamia não é apenas um tipo de casamento, mas também um sistema de valores. Um sistema de valores é um conjunto de valores culturais e morais de um grupo de pessoas numa região. Isto significa que a poligamia na região subsariana está profundamente enraizada na vida dos habitantes. Os habitantes da África Subsariana consideram a poligamia como o seu modo de vida. No entanto, com o passar do tempo, a poligamia na região acima mencionada declinou em resultado do desenvolvimento tecnológico na agricultura e na criação de animais vivos. Estes desenvolvimentos tecnológicos foram introduzidos pelas potências coloniais europeias. Atualmente, já não é necessário que as mulheres e as crianças trabalhem nos campos, porque existem máquinas agrícolas que fazem esse trabalho. Também já não é necessário que os jovens chefiem os animais vivos, porque estes são agora mantidos em locais vedados e são também alimentados com forragens produzidas através da tecnologia moderna.

Karanja; Mann (Hayase e Liaw, 1997) salientam que, enquanto sistema de valores, a poligamia tem resistido à monogamia, que foi introduzida pelos missionários cristãos ocidentais. A poligamia também tem resistido à transição da agricultura de subsistência para a economia monetária e a urbanização. O sistema de valores da poligamia tem persistido através de outras formas de casamentos informais múltiplos e/ou em série, que envolvem "raparigas-amigas" irregulares e "esposas externas" regulares. Isto mostra que as pessoas na região subsariana continuam a praticar a poligamia sob formas modificadas. De acordo com Caldwell; Caldwell e Orubuloye (Hasaye e Liaw, 1997), a cultura da poligamia ajuda a manter um elevado nível de fertilidade. Por outras palavras, a poligamia ajuda a aumentar a população da África Subsariana. Este facto conduziu a uma explosão demográfica na região subsariana desde a década de 1950. O crescimento da população foi também favorecido por tecnologias sanitárias e de saúde eficazes provenientes dos países desenvolvidos. Essas tecnologias sanitárias dos países desenvolvidos ajudaram a reduzir os níveis de mortalidade. Goody (Hayase e Liaw, 1997) descobriu que, apesar de os homens africanos cristianizados e bem educados fingirem desaprovar a poligamia, descobriram entretanto que a Bíblia não diz nada contra a poligamia. Por conseguinte, continuam a desfrutar da vida de múltiplos parceiros sexuais sob a forma de esposas externas. Caldwell e Quiggin (Hayase e Liaw, 1997), por outro lado, salientam que, embora as pessoas de fora desprezem a poligamia, esta tem sido um modo de vida bem desenvolvido, coerente e geralmente aceite por muitos africanos subsarianos desde os tempos pré-coloniais. A nível social, a poligamia contribuiu para a sobrevivência de muitas tribos num ambiente físico improdutivo e hostil. A poligamia ajudou estas tribos ao produzir muitos filhos. A produção de muitas crianças, por sua vez, ajudou a compensar a elevada taxa de mortalidade infantil que prevalecia antes da introdução de cuidados de saúde eficazes pelos colonizadores ocidentais. De acordo com Maillu (Hayase e Liaw, 1997), a nível familiar e individual, a poligamia continua a ser atractiva em muitos aspectos. Por exemplo, como já foi referido, a poligamia proporciona companhia às co-esposas, poupando-as assim à solidão. Além disso, as co-esposas ajudam-se mutuamente na educação dos filhos. As co-mulheres também se ajudam mutuamente nas tarefas domésticas.

Hayase e Liaw (1997) referem que foi realizada uma investigação para determinar a probabilidade de as mulheres estarem dispostas a participar em uniões poligâmicas em quatro países da África Subsariana, nomeadamente o Gana e o Senegal, na África Ocidental, e verificou-se que a percentagem era de 30% a mais de 50%. O Quénia, na África Oriental, é um país com um nível moderado de poligamia, nomeadamente entre 20% e 35%. Por último, o Zimbabué, na África Austral, tem o nível mais baixo de poligamia, nomeadamente 20%.

A poligamia no contexto histórico e cultural da África Subsariana

De acordo com Caldwell; Caldwell e Orubuloye (Hayase e Liaw, 1997), apesar de ter tido uma longa história de contacto com o mundo exterior, a África Subsariana manteve uma cultura antiga baseada na agricultura de subsistência. Este tipo de economia baseava-se no facto de um homem possuir uma grande parcela de terra para cultivar. Esta economia favorecia um homem que tivesse muitas mulheres e filhos. Este homem dispunha de mão de obra suficiente para trabalhar nos seus campos agrícolas. A elevada mortalidade infantil nesta região, causada por condições climatéricas desfavoráveis, doenças mortais e guerras, manteve a população da região baixa durante muitos séculos. Por vezes, as doenças, as guerras e as condições climatéricas adversas dizimavam tribos inteiras. Estes fenómenos negativos fizeram com que as pessoas desta região levassem a procriação a sério. Como ter filhos era um assunto muito sério, os habitantes desta região acabaram por considerar a esterilidade de uma mulher como indesejável ou mesmo como um mal. A crítica moral da conduta sexual não era rigorosa e, por vezes, não havia crítica da conduta sexual nesta região. Caldwell e Caldwell (Hayase e Liaw, 1997) afirmam que os habitantes desta região tentaram resolver os seus problemas através da prática da poligamia. Em primeiro lugar, a poligamia foi concebida para garantir que não houvesse falta de homens para procriar com mulheres. Em segundo lugar, esperava-se que as mulheres se abstivessem de atividade sexual após o parto, durante 2 anos ou mais, até o bebé desmamar. Acreditava-se que esta prática reduzia a mortalidade infantil.

As principais caraterísticas da poligamia nesta cultura eram:

. As mulheres eram encorajadas a contrair o seu primeiro casamento numa idade precoce

. Os homens podiam casar-se numa idade mais avançada.

. As mulheres separadas, divorciadas e viúvas eram encorajadas a voltar a casar o mais rapidamente possível

. Isto foi feito para prolongar o período reprodutivo destas mulheres

Quando o preço da noiva era demasiado elevado, o noivo ou a sua família podiam pagá-lo num prazo mais alargado, normalmente até ao nascimento do primeiro filho ou depois do nascimento do primeiro filho. O preço da noiva era pago em acções vitalícias, mas não em terras. Atualmente, o preço da noiva é pago em dinheiro. Quando o marido de uma noiva morria, a sua noiva mais nova substituía-a (Ueda in Hayase e Liaw, 1997).

De acordo com Caldwell e Caldwell (Hayase e Liaw, 1997), a poligamia na África Subsariana baseia-se no culto da ancestralidade e da gerontologia. O culto da ancestralidade implica o respeito pelos antecessores falecidos. Neste culto, acredita-se que os nossos antepassados nos podem recompensar se fizermos as coisas certas e que também nos podem castigar se fizermos coisas erradas. Em África, mesmo as pessoas que se converteram ao cristianismo praticam esta cultura. O culto da gerontologia incentiva as pessoas a respeitarem e a cuidarem dos idosos. Como habitante indígena de África, o investigador também pratica estes dois cultos. No que respeita ao culto da ancestralidade, acredita-se que o velho patriarca da família tem o poder de comunicar com os antepassados falecidos. Acredita-se que os antepassados têm o poder de recompensar o bom comportamento e de castigar o mau comportamento. O velho patriarca da família tem autoridade sobre todos os seus descendentes. O objetivo

do culto é ter muitos descendentes para continuar a linhagem familiar, de modo a que os antepassados falecidos tenham a oportunidade de renascer no seio da família. Para o africano, a poligamia é o meio de continuar a linha interminável de renascimento e de reforçar o poder da família e do patriarca. Isto é feito através do aumento do tamanho da família e da expansão dos laços conjugais com outros clãs.

De acordo com Boserub (Hayase e Liaw, 1997), a poligamia na região subsariana coexistiu com o sistema primitivo de agricultura. Neste sistema, as mulheres fazem a maior parte do trabalho agrícola. Quando um homem arranja uma nova esposa, limpa o campo para ela e, mais tarde, para os seus filhos cultivarem. Na África subsariana, os homens são encorajados a ter duas ou mais mulheres e muitos filhos. As mulheres e os filhos de um homem servem de mão de obra barata. Servem também como um meio de alargar a sua propriedade de terras retiradas das terras comunitárias. As tarefas domésticas, como ir buscar água e lenha, limpar a casa, cozinhar e cuidar dos filhos, podem também levar a mulher a aconselhar o marido a casar com uma segunda mulher que a venha ajudar nas tarefas domésticas. A primeira esposa tem o poder de atribuir e distribuir as tarefas domésticas às suas co-esposas. A existência de co-esposas confere mais estatuto à primeira esposa. No entanto, as mulheres na África Subsariana têm um estatuto inferior ao dos homens. Também têm poucos direitos de propriedade e são tratadas como uma espécie de propriedade a ser trocada por bens materiais entre as famílias. As mulheres tornam-se vulneráveis quando não têm maridos ou não têm filhos. Não lhes é permitido herdar os bens dos maridos. Por isso, as mulheres são motivadas a ter muitos filhos, na esperança de terem um filho ou filhos que herdem os bens dos maridos. Desta forma, a mulher pode continuar a trabalhar na agricultura após a morte do marido. Se a mulher não tiver filhos, corre o risco de ser divorciada pelo marido e também de ser considerada pela comunidade como uma pária. Isto é injusto porque a mulher não se abstém intencionalmente de ter filhos. Se ela não tem filhos, isso significa que existe um problema que está fora do seu controlo. Em vez disso, a comunidade deve ser solidária com ela. A simpatia para com uma mulher estéril tornaria a poligamia mais humana e impedi-la-ia de ser criticada pelo Ocidente por tratar as mulheres como escravas. Esta é uma das melhorias que devem ser introduzidas na poligamia para que esta se possa adaptar à situação em constante mudança que o tempo traz.

Na região subsariana, o preço da noiva é basicamente pago em troca do trabalho e da capacidade reprodutiva da noiva. Se a noiva se divorciar, o preço da noiva é devolvido à família do marido. A família da mulher ou o seu novo marido têm de reembolsar o preço da noiva. Num sistema patrilinear, o reembolso pode ser parcial se a mulher tiver dado à luz um filho, que permanecerá na família do marido (Boeserup in Hayase e Liaw, 1997). Este não é o caso em todos os países subsarianos. Na África do Sul, o preço da noiva nunca é reembolsado. O pagamento do preço da noiva na África do Sul é uma apreciação da honra que os sogros concederam ao jovem por querer casar com a sua filha. De acordo com a tradição indígena, os pais de uma jovem mulher só podiam permitir que um jovem de uma boa família casasse com a sua filha. O mesmo se aplica aos sogros, que só podem permitir que o seu filho case com uma jovem de uma boa família. Isto significa que os pais tinham de fazer um grande esforço para que os seus filhos fossem bem educados. O preço da noiva é, portanto, uma apreciação dos esforços que os pais fizeram para que a sua filha fosse bem educada e não uma transação comercial. Acreditava-se que se o noivo não pagasse o preço da noiva, os seus antepassados castigá-lo-iam. É por isso que os indígenas ainda praticam a tradição de pagar o preço da noiva. Além disso, os indígenas continuam a acreditar que um homem que não pagou o preço da noiva pela sua mulher não a valorizará. Nas comunidades indígenas, o divórcio não era comum porque os homens tinham de fazer um grande esforço para casar com uma mulher. Esta prática, por sua vez, encorajava os homens a valorizarem as suas mulheres porque não as conseguiam facilmente.

De acordo com Caldwell (Hayase e Liaw, 1997), a região subsariana tem sempre um grande número de jovens solteiros do sexo masculino. As necessidades sexuais destes homens são satisfeitas pelas mulheres dos parentes masculinos da família; por exemplo, as mulheres dos seus irmãos, tios e as mulheres mais novas do seu pai. O sexo cuidadoso com raparigas antes do casamento é tolerado, desde que não resulte em gravidez. Os homens solteiros também podem satisfazer as suas necessidades sexuais com prostitutas, mulheres separadas ou divorciadas que ainda não são casadas. Muitos homens que estão em casamentos monogâmicos também procuram parceiras sexuais devido à longa abstinência feminina pós-parto, que normalmente dura dois anos (Caldwell; Orubuloye e Caldwell in Hayase e Liaw, 1997). De acordo com Ngondo e Pitshandenge (Hayase e Liaw, 1997), as relações sexuais pré-maritais, extraconjugais e intraconjugais com parceiros múltiplos e sobrepostos fazem parte do sistema de poligamia na África Subsariana. A cultura da poligamia foi perturbada pelos missionários e pelas potências coloniais no final do século XIX, que tentaram introduzir a monogamia. Tentaram fazer com que a monogamia fosse bem sucedida, dando tratamento preferencial aos homens monógamos. No entanto, esta estratégia não conseguiu acabar com a poligamia na região subsariana.

De acordo com Lesthaeghe; Kaufmann e Meekers; Clark et al. (Hayase e Liaw, 1997), as potências coloniais introduziram escolas através das quais transmitiram a cultura ocidental da família nuclear, que acreditavam criar um forte laço conjugal. As potências ocidentais também comercializaram a economia, oferecendo emprego aos jovens adultos. Esta estratégia enfraqueceu a autoridade dos pais sobre os filhos. As mulheres e os homens jovens passaram a poder ganhar o seu próprio dinheiro, que podiam utilizar como quisessem. A sua dependência em relação aos pais foi, assim, posta de parte. A urbanização introduzida pelas potências coloniais também atraiu os jovens para as cidades, afastando-os assim das propriedades dos pais. As mudanças na poligamia provocadas pela introdução da cultura ocidental tiveram efeitos diferentes nos vários países. De acordo com Lesthaeghe et al. (Hayase e Liaw, 1997), a prevalência da poligamia entre as mulheres casadas é a seguinte

. Na Zâmbia e mais a sul, esta percentagem desceu para menos de 20%.

. Nos países da África Ocidental, continua a ser mais elevada, com 40%.

Boserup (Hayase e Liaw, 1997) assinala que, em algumas aldeias, há falta de homens na faixa etária dos 20-35 anos, porque foram recrutados para trabalhar nas minas, nas plantações e na indústria, que ficam longe das suas casas. Por conseguinte, passam muito tempo longe das suas casas. Este facto leva-os a casar tarde. Locoh (Hayase e Liaw, 1997), por outro lado, salienta que a migração urbana deu origem a um grande número de homens solteiros nas zonas urbanas. Este facto levou a que a poligamia se transformasse em várias formas irregulares de relações sexuais e de organização da vida.

Caldwell; Orubuloye e Caldwell (Hayase e Liaw, 1997), chamam a nossa atenção para o facto de que, na década de 1960, os países subsarianos começaram a ganhar a independência das potências coloniais e, em consequência disso, começaram a reafirmar os valores da sua cultura nativa. Além disso, em consequência disso, as igrejas africanas na África Ocidental retiraram do cristianismo o juízo de valor ocidental sobre os casamentos. Isto significa que as igrejas africanas se aperceberam de que não há nada de religiosamente errado com a poligamia, porque a Bíblia não diz nada contra ela. A crença de que a poligamia é pecaminosa é uma interpretação da Bíblia feita pelo Ocidente. Karanja (Hayase e Liaw, 1997) chama a nossa atenção para o facto de a Bíblia não dizer nada contra a poligamia. Isto significa que os africanos ocidentais cristianizados voltaram à prática da poligamia porque a Bíblia não diz nada contra ela. De acordo com Karanja (Hayase e Liaw, 1997), muitos homens ricos e com bom nível de educação estão agora a desfrutar descaradamente das vantagens de ter várias esposas. Além disso, segundo Karanja (Hayase e Liaw, 1997), também é comum os homens monogâmicos cristianizados terem uma ou mais "esposas de fora" ou "namoradas", desde que sejam suficientemente ricos para cuidar dessas mulheres. Muitos homens subsarianos das zonas urbanas consideram que ter muitas esposas externas é um sinal de elevado estatuto e de sucesso. Isto é um testemunho do facto de a crença na poligamia ser ainda muito forte na região subsariana, embora sob formas mutantes.

De acordo com Hayase e Liaw (1997), é importante obter mais informações sobre a evolução das condições de vida dos indivíduos que se relacionam sexualmente nos países da África Subsariana. A razão é que estas disposições, que estão profundamente enraizadas na cultura da poligamia, podem ter mais implicações na prestação de cuidados às crianças e aos pais idosos, no sentimento de pertença e identidade, no estatuto das mulheres, na propagação de doenças sexualmente transmissíveis, nos níveis de fertilidade e noutros problemas socioeconómicos. A introdução da monogamia pelos missionários e pelas potências coloniais não conseguiu pôr fim à poligamia como se pretendia. Pelo contrário, levou a que a poligamia se transformasse noutras formas de relações sexuais que se baseiam na poligamia.

Poligamia nos EUA

Castrillo (2006) aborda o estudo da poligamia na perspetiva de que se trata de uma relação inadequada, o que significa que não aprova as relações poligâmicas. Este ponto de vista é defendido por muitos habitantes de países altamente industrializados, porque argumentam que a poligamia está ultrapassada, uma vez que a tecnologia moderna resolveu o problema da necessidade de trabalho manual. Referem que o trabalho manual foi substituído por máquinas industriais altamente sofisticadas. Para além disso, as pessoas dos países altamente industrializados defendem que a poligamia oprime as mulheres e as crianças. De acordo com White e White (Castrillo, 2006), a poligamia refere-se a um homem que tem vários cônjuges. Existem dois tipos de poligamia: a poliginia, que se refere a um homem que casou com mais do que uma mulher, e a poliandria, que se refere a uma mulher que casou com mais do que um marido. Altman e Ginat (Castrillo, 2006) chamam a nossa atenção para o facto de a poligamia ser praticada há milénios em todo o mundo, incluindo nos Estados Unidos da América, onde este estudo foi realizado. Nos Estados Unidos da América, quando um homem queria casar com uma segunda mulher, a decisão de o fazer era cuidadosamente ponderada antes de o casamento poder ter lugar.

De acordo com Kincaid (Castrillo, 2006), em 2003 estimava-se que havia entre 20000 e 60000 homens que ainda praticavam a poligamia nos Estados Unidos da América. Isto testemunha o facto de que nos Estados Unidos da América a poligamia não é tão amplamente praticada como em África, porque agora é proibida. Nos Estados Unidos da América, a poligamia era e continua a ser praticada sobretudo pelos mórmones, que a designam por casamentos plurais. White e White (Castrillo, 2006) salientam que a poligamia tem sido praticada em todas as partes do mundo, incluindo os Estados Unidos, África e China. No entanto, como já foi referido, a poligamia só é amplamente praticada em África porque neste continente é uma tradição profundamente enraizada. Os países altamente industrializados proibiram a poligamia porque não vêem a necessidade de a praticar. Aqueles que são contra a poligamia, e que se encontram maioritariamente em países altamente industrializados, defendem que a poligamia oprime as mulheres e as crianças. Por outro lado, os que a apoiam, e que se encontram maioritariamente em África, salientam que se trata de um costume importante para eles e que aumenta a população de um país; por exemplo, o antigo presidente do Sudão, Al Basher, que tem duas mulheres, apoia este ponto de vista (Olasore, 2016:1-3)

A história da poligamia nos Estados Unidos

De acordo com Altman e Ginat (Castrillo, 2006), nos Estados Unidos da América, a poligamia existe há quase dois séculos e tem sido praticada sobretudo por seguidores da religião mórmon. Os mórmones começaram a praticar a poligamia abertamente em 1839, quando se mudaram para Nauvoo, Illinois. Kincaid (Castrillo, 2006) refere que a poligamia passou a fazer parte da prática dos Mórmones em 1843, depois de Joseph Smith, o fundador da religião Mórmon, ter escrito o livro intitulado "Revelation on Celestial Marriage" (Revelação sobre o Casamento Celestial), no qual defendia que a poligamia era um princípio sagrado da fé Mórmon. De acordo com Altman e Ginat (Castrillo, 2006), o livro escrito por Smith discutia o facto de os patriarcas do Antigo

Testamento praticarem a poligamia e de também falarem das diferenças entre casamentos para o tempo e casamentos para a eternidade. No seu livro, Smith também encorajava os homens a casarem com muitas mulheres e a terem muitos filhos, porque receberiam algumas recompensas por o fazerem. O livro afirmava que um homem virtuoso era aquele que se casava com muitas mulheres e tinha muitos filhos, porque ele alcançaria um status divino na vida após a morte. Isto permitir-lhe-ia governar um "universo patriarcal", estando rodeado pelas suas mulheres e filhos. O livro de Smith foi aceite amigavelmente pelos mórmones do sexo masculino porque lhes prometia recompensas por casarem com muitas mulheres e terem muitos filhos.

De acordo com Altman e Ginat (Castrillo, 2006), em 1847, Brigham Young, que assumiu a liderança da religião mórmon nos Estados Unidos da América, mudou-se com os seus seguidores de Nauvoo para o Utah. Três anos mais tarde, o Utah tornou-se um dos estados autónomos dos EUA. Brigham Young aproveitou esta oportunidade para anunciar publicamente que os mórmones praticavam a poligamia. Infelizmente, de acordo com Kincaid (Castrillo, 2006), durante a guerra civil nos EUA, muitas pessoas opuseram-se à poligamia e classificaram-na como escravatura feminina. Este facto levou o governo federal a aprovar a Lei Anti-Bigamia, que declarou a poligamia ilegal em todos os estados dos EUA. Contudo, esta lei não conseguiu impedir os mórmones de praticarem a poligamia. Para resolver este problema, o Congresso dos EUA aprovou a Lei da Polónia de 1874, que obrigava os júris a serem escolhidos pelo marechal dos EUA. Isto levou à redução dos poderes dos juízes do território do Utah e permitiu que os casos de poligamia fossem objeto de recurso para o Supremo Tribunal dos Estados Unidos.

Moore-Emmett (Castrillo, 2006) salienta que os mórmones recorreram da Lei da Poligamia de 1874 no caso Reynolds vs. Estados Unidos para o Supremo Tribunal dos EUA, na esperança de ganhar o caso ao abrigo da primeira emenda que permitia a todos a liberdade de praticar a sua religião, mas não foram bem sucedidos. O tribunal decidiu que a poligamia não era defendida ao abrigo da Lei da Primeira Emenda e que os mórmones eram livres de acreditar na poligamia, mas não de a praticar. Em 1887, foi aprovada a Lei Edmunds Tucker, que deu início a uma batalha contra os polígamos que resultou em rusgas e detenções. A lei Edmunds Tucker obrigava os mórmones a renunciarem às suas múltiplas esposas e filhos ou a serem presos se não o fizessem. De acordo com White e White (Castrillo, 2006), foi apenas em 1897 que os mórmones decidiram abandonar a prática da poligamia. Fizeram-no depois de o presidente da sua igreja ter escrito um Manifesto que anunciava o fim da prática da poligamia nos EUA. O Manifesto "não se opunha, contudo, à poligamia ou ao seu estatuto doutrinário". A partir daí, os mórmons permaneceram durante vinte anos sem dizer nada sobre a poligamia. De acordo com Altman e Ginat (Castrillo, 2006), em 1907, os mórmones acabaram por publicar um documento que afirmava que praticar a poligamia era um ato que violava tanto a lei da Igreja como a lei civil. Por conseguinte, os EUA não são um local adequado para a prática da poligamia, uma vez que esta foi proibida pela lei do país.

Supostas consequências da poliginia nas culturas não africanas

James et al. (2021), da Índia, referem as seguintes consequências da poligamia:

. Desigualdade de género, . Subordinação das mulheres,

. Tratamento desigual dos cônjuges,

. Negligência de crianças,

. enteados rivais,

. Questões de herança entre filhos/cônjuges

De acordo com Elbedour, Bart e Hektner (Castrillo, 2006), alguns investigadores acreditam que fazer parte de uma família poligâmica enfraquece a ligação entre os pais e os filhos. Isto significa que as crianças de casamentos polígamos recebem menos segurança emocional e psicológica dos seus pais. Outros investigadores acreditam que as famílias poligâmicas proporcionam mais calor e carinho do que as famílias monogâmicas. O desacordo entre os investigadores mostra que, de momento, não é claro como é que a poligamia afecta as crianças. É necessária mais investigação para descobrir como é que a poligamia afecta as crianças. Além disso, os investigadores assumem que, numa família poligâmica, a quantidade de atenção e supervisão que uma criança recebe do pai é muito reduzida. Além disso, presume-se que o facto de as famílias poligâmicas serem grandes leva a que as crianças recebam menos apoio económico do que aquele de que necessitam. No entanto, na sua investigação, Elbedour et al. (Castrillo, 2006) não encontraram diferenças significativas nos resultados dos testes dos adolescentes de famílias monogâmicas e dos adolescentes de famílias poligâmicas. Elbedour et al. (Castrillo, 2006) concluíram que, apesar de a maioria dos investigadores acreditar que a poligamia tem um efeito negativo nas crianças (devido ao facto de se acreditar que as famílias poligâmicas têm níveis elevados de ciúme, stress emocional e conflito), o seu efeito nas crianças ainda não é claro. Pode, portanto, presumir-se que num casamento poligâmico em que o pai dá igual atenção e igual apoio económico aos filhos, a situação é semelhante à de um casamento monogâmico, se não melhor. Melhor no sentido em que, num casamento poligâmico, as esposas se apoiam mutuamente, por exemplo, ajudando-se mutuamente nas tarefas domésticas e na educação dos filhos.

As crianças também beneficiam porque têm sempre a companhia dos seus muitos irmãos. Isto ajuda-as a crescerem felizes porque nunca estão expostas à solidão.

Justificações dos mórmones para a poligamia

De acordo com White e White (Castrillo, 2006), no século XIX, quando os mórmones praticavam abertamente a poligamia, justificavam-na alegando que incentivava a procriação. Os mórmons pensavam que era possível criar mais filhos se um homem tivesse muitas esposas. Como já foi referido, acreditava-se que um homem que tivesse muitos filhos seria recompensado na vida após a morte, o que se tornou um incentivo para os homens casarem com muitas mulheres e terem o maior número possível de filhos (Altman & Ginat, in Castrillo, 2006). White e White (Castrillo, 2006) referem ainda que outra justificação para a poligamia é a noção de que os homens são por natureza poligâmicos e as mulheres são por natureza monogâmicas. Altman e Ginat (Castrillo, 2006), por outro lado, afirmam que na comunidade mórmon se pensava que os homens tinham necessidades sexuais fortes e ilimitadas que seriam facilmente satisfeitas se casassem com muitas mulheres. Ao praticarem a poligamia, os mórmones podiam, portanto, satisfazer as necessidades sexuais ilimitadas dos homens, impedindo-os assim de serem infiéis às suas mulheres.

Benefícios da poligamia no contexto africano

De acordo com Mbiti (Baloyi, 2013), a gravidez é importante nos casamentos africanos porque assegura a continuação da linhagem de um homem. A prática da poligamia permite que um homem cuja mulher é estéril se case com uma segunda mulher. A prática da poligamia evita que uma mulher estéril seja abandonada pelo marido. A poligamia é, portanto, um remédio para o problema da infertilidade.

Kofon (Baloyi, 2013) salienta que, em África, o objetivo do casamento é ter filhos. Em África, as pessoas não se casam para se realizarem pessoalmente ou por prazer sexual. É uma obrigação para um casal ter filhos. Yamari (Baloyi, 2013) defende que, segundo o costume africano, uma mulher estéril deve permitir que o marido case com uma segunda mulher. De acordo com Burman (Baloyi, 2013), numa perspetiva africana, o casamento e a maternidade têm uma ordem de causa e efeito difícil de quebrar. Isto significa que, segundo a tradição africana, um casamento sem filhos é incompleto. Por outro lado, Turki (Baloyi, 2013) defende que, segundo a tradição africana, gerar filhos garante a vida eterna. Isto significa que a linhagem do homem estará sempre presente, muito depois de ele ter partido da vida terrena. Gaskiyane (Baloyi, 2013) afirma que algumas igrejas acreditam que um homem que tenha gerado muitos filhos é abençoado, porque irá presidir à sua grande família na vida após a morte. Um exemplo desta crença da igreja é a Igreja do Tabernáculo Mórmon em Salt Lake City, Utah, nos EUA, que foi discutida acima. Com base nesta crença, os africanos pensam que a poligamia foi abençoada por Deus. Além disso, de acordo com Gaskiyane (Baloyi, 2013), os africanos acreditam que a poligamia resolve o problema do divórcio, sobretudo quando a primeira mulher é estéril. Ao evitar que uma mulher estéril seja divorciada pelo marido e exposta à exclusão e à humilhação em resultado de algo que está fora do seu controlo, a poligamia está a ser benéfica. Kyomo e Selvan (Baloyi, 2013) salientam que a poligamia salvou os casamentos em que a primeira mulher produziu apenas filhos do sexo feminino. Salvar um casamento em que a primeira mulher produziu apenas filhos do sexo feminino é outro benefício proporcionado pela poligamia. Neste caso, a poligamia salva uma mulher de ser mergulhada numa situação desagradável que não merece pelo facto de ter produzido filhos, não que aquela que não produziu filhos mereça ser mergulhada nessa situação. Ao explicar melhor a cultura africana, Gaskiyane (Baloyi, 2013) afirma que é importante para um homem ter filhos no seu casamento, especialmente filhos do sexo masculino. Assim, a poligamia serve muitos objectivos na cultura africana. Em primeiro lugar, evita que uma mulher casada estéril seja divorciada pelo marido. Em segundo lugar, evita que uma mulher casada que só produziu filhos do sexo feminino seja divorciada pelo marido porque não lhe deu um herdeiro. Em terceiro lugar, dá a um homem a oportunidade de ter o herdeiro ou herdeiros masculinos, a que tanto dá prioridade, para continuar a sua linhagem no futuro.

A poligamia é uma solução no caso da menopausa

Kimathi (Baloyi, 2013) argumenta que os africanos acreditam que, quando uma mulher atinge a menopausa, já não pode envolver-se em actividades sexuais. Uma mulher com filhas e filhos casados era considerada como tendo cumprido os seus deveres conjugais e, portanto, já não era obrigada a envolver-se em actividades sexuais. O exercício da atividade sexual era considerado um dever das mulheres jovens. Por isso, era normal que uma mulher que tivesse atingido a menopausa aconselhasse o seu marido a arranjar uma mulher mais nova. Isto mostra que, para alguns povos africanos, a atividade sexual das mulheres era limitada, enquanto a dos homens era contínua. A poligamia era, portanto, considerada como uma solução para os problemas acima referidos. Kyomo e Selvan (Baloyi, 2013) afirmam que "uma das razões da poligamia parece ser o velho tabu da menopausa. Muitos africanos acreditavam que uma mulher não devia ter relações sexuais depois da menopausa". Havia a crença de que uma mulher que quebrasse este tabu seria fisicamente castigada. Acreditava-se que este castigo físico assumia a forma de uma barriga cada vez maior, ou que o líquido seminal acumulado na barriga saía pelo orifício genital, provocando um cheiro desagradável.

Uma solução durante a gravidez e a amamentação

Há culturas africanas que proíbem as relações sexuais entre o marido e a mulher durante a gravidez. Labeodan (Baloyi, 2013) confirma esta crença em algumas culturas africanas. Afirma que algumas mulheres lhe disseram que, depois de engravidarem, deixavam de ter relações sexuais até a criança ter três anos e estar desmamada. A poligamia é útil para o marido durante esse longo período. Os seus desejos sexuais podem ser satisfeitos por uma ou mais co-esposas, se ele tiver mais de duas mulheres. Maldonado (Baloyi, 2013) confirma que esta prática de esperar que as mulheres se abstenham da atividade sexual também se encontra em algumas culturas asiáticas e latino-americanas. A poligamia também é útil nesta situação porque ajuda o marido a não ser infiel às suas mulheres. Para além disso, as culturas poligâmicas acreditam que esta prática evita a imoralidade e o divórcio. Kofon (Baloyi, 2013) resume este raciocínio da seguinte forma: "A poligamia é apoiada em África pela razão da gratificação sexual quando uma esposa está doente ou deu à luz."

Um remédio contra a exclusão social

Ao sublinhar que, em muitas culturas africanas, a norma é que um adulto se case e tenha filhos, Kimathi (Baloyi, 2013) defende que o casamento é a espinha dorsal da sociedade africana.

Phaswana (Baloyi, 2013) salienta que, em algumas culturas africanas, uma mulher que não é casada é associada a coisas negativas, como ser uma bruxa. Ao sublinhar a importância do casamento para os africanos, Kriel (Baloyi, 2013) cita a expressão idiomática Sesotho que diz "Lebitla la mosadi ke bohadi". Esta expressão significa que a sepultura de uma mulher está no seu casamento ou nos seus sogros. Além disso, esta expressão significa que uma mulher tem de permanecer no seu casamento, mesmo que esse casamento ponha em risco a sua vida. Baloyi (2013), por outro lado, salienta que as mulheres solteiras são sempre associadas a coisas más, como a falta de sentimentos e o desejo de acabar com os casamentos dos outros. Phiri (Baloyi, 2013) afirma que, segundo algumas culturas africanas, ser solteira é considerado uma maldição. De acordo com Kathide (Baloyi, 2013), uma vez que é considerado uma vergonha para uma mulher permanecer solteira, a poligamia oferece a todas as mulheres solteiras a oportunidade de evitar as opiniões negativas associadas às mulheres solteiras. Por conseguinte, a poligamia oferece a todas as mulheres solteiras a oportunidade de se enquadrarem nas normas da sua sociedade. Gaskiyane (Baloyi, 2013) salienta que, no contexto africano, é difícil para uma mulher permanecer solteira; por isso, as mulheres africanas acham melhor envolver-se em casamentos poligâmicos do que permanecer solteiras. No contexto africano, uma mulher que não seja casada é considerada uma pária social.

Uma fonte de trabalho

Townshend (Baloyi, 2013) afirma que, originalmente, a poligamia permitia ao homem adquirir estatuto e mão de obra para trabalhar nos seus campos agrícolas. Ao casar com muitas mulheres e ter muitos filhos, o homem nunca tinha falta de mão de obra. Em apoio de Townshend (Baloyi, 2013), Fenske (Baloyi, 2013) salienta que a procura de esposas é maior nas regiões da Costa do

Marfim onde a produtividade feminina na agricultura é mais elevada. Segundo Kathide (Baloyi, 2013), em África, onde a agricultura de subsistência era o meio de ganhar a vida, um homem tinha de se envolver em casamentos poligâmicos para resolver o problema da mão de obra. Nesse contexto, a poligamia era benéfica para os agregados familiares.

Realização do desejo de um herdeiro masculino

De acordo com Phiri (Baloyi, 2013), os homens africanos acreditam em treinar os seus filhos homens para assumirem tudo o que lhes pertence após a sua morte. Por conseguinte, é óbvio que, para os homens africanos, um filho varão é muito importante. Kimathi (Baloyi, 2013), por outro lado, salienta que um casamento sem filhos do sexo masculino era considerado incompleto; por isso, o marido tinha de arranjar outra mulher para lhe dar um filho ou filhos. Neste contexto, a poligamia servia um objetivo importante de prevenção do divórcio. Baloyi (2013) salienta que, em muitas comunidades africanas, quando nasce uma criança do sexo masculino, muitas pessoas participam na celebração do que quando nasce uma criança do sexo feminino. Para elucidar melhor este fenómeno, Baloyi (2013) apresenta o seguinte

ditado tradicional Tsonga: "Vanhwana i tihuku to khomela vayeni", cujo significado literal é "as raparigas são galinhas para as visitas" - por outras palavras, as raparigas não ficarão em casa para sempre porque vão casar, mas os rapazes ficarão, assegurando que os pais idosos terão um herdeiro que cuidará deles. Na cultura africana, os idosos são muito respeitados. Ao contrário da cultura ocidental, não são levados para lares de terceira idade. Em vez disso, são cuidados pelas mulheres e netos dos seus filhos. É por isso que é tão importante que um filho varão seja gerado num casamento. Um filho do sexo masculino é importante porque vai ter uma mulher que vai gerar descendentes que ajudarão a cuidar das pessoas idosas da casa. Uma criança do sexo feminino, por outro lado, vai casar-se e juntar-se a outro agregado familiar.

Prevenção de doenças sexualmente transmissíveis

Mbiti e Kathide (Baloyi, 2013) referem que a poligamia pode atuar como prevenção da infidelidade por parte de um marido que trabalha longe de casa. Esse marido pode levar uma esposa consigo para o seu local de trabalho e deixar outra ou outras esposas em casa para cuidar dos filhos e da casa. Isto evitará que o marido tenha concubinas ou frequente prostitutas na cidade onde está a trabalhar. Neste caso, a poligamia tem uma solução eficaz que impede um homem de ter casos extraconjugais que o podem colocar em risco de infetar as suas mulheres com doenças sexualmente transmissíveis ou VIH-SIDA.

Discussão

A investigação demonstrou que a poligamia era uma prática cultural bem regulamentada na região subsariana. Por conseguinte, foi errado que as pessoas que pertenciam à cultura ocidental reivindicassem a hegemonia da epistemologia durante o seu domínio colonial em África. A forma ocidental de fazer as coisas não constitui uma panaceia para resolver todos os problemas humanos. O Ocidente deve, por isso, estar preparado para ter em consideração a maneira de fazer as coisas dos outros povos. Isto conduzirá a uma solução eficaz para resolver os problemas humanos. Todas as culturas que praticavam a poligamia não se esquivavam ao facto de os homens terem necessidades sexuais fortes e ilimitadas que seriam facilmente satisfeitas se casassem com muitas mulheres. O sistema da monogamia, pelo contrário, não previa este facto. É por isso que o sistema da monogamia levou ao aparecimento de outras formas de relações sexuais não regulamentadas que se baseiam na poligamia. Enquanto a poligamia estava bem regulamentada, estas formas mutantes de poligamia não estão regulamentadas e deram origem a muitos problemas sociais, como o divórcio e as doenças sexualmente transmissíveis. Isto mostra que a poligamia não pode ser descartada ou ignorada no que diz respeito à solução de problemas sociais. Este facto é sublinhado por (Tlhapi, 2018: 45), que argumenta que "o conhecimento ocidental sempre foi dominante, enquanto o conhecimento indígena foi ignorado. Como resultado deste tratamento preferencial dado ao conhecimento ocidental, o conhecimento indígena foi deixado para trás, enquanto o conhecimento ocidental estava a progredir a passos largos". A prática da poligamia deve poder evoluir como a da monogamia. Desta forma, os pontos fracos da poligamia serão tratados como os da monogamia.

De acordo com Lesthaeghe; Kaufmann e Meekers; Clark et al (Hayase e Liaw, 1997), as potências coloniais introduziram escolas através das quais transmitiram a cultura ocidental aos habitantes da África subsariana. O resultado foi que muitos dos habitantes desta região abandonaram o seu modo de vida tradicional e adoptaram o da cultura ocidental. No entanto, o modo de vida ocidental não resolveu os seus problemas de forma satisfatória, porque a situação nos países ocidentais é diferente da que se vive em África. A este respeito, Kante (Khaya e Seleti, 2013:37) defende que os sistemas de conhecimento indígenas africanos devem ser incluídos em todos os níveis de ensino em África, para que a educação possa ser relevante para a situação em África. Uma vez que a educação ocidental foi sempre retratada como superior à educação indígena, os povos indígenas adoptaram a tendência de menosprezar os seus modos de vida tradicionais. Aqueles que receberam educação ocidental foram doutrinados a acreditar que a educação ocidental é superior aos seus sistemas de conhecimento e práticas culturais indígenas.

Conclusão

Neste estudo, os benefícios da poligamia foram demonstrados por todas as nações que a praticavam e por aquelas que ainda a praticam.

De acordo com Anderson (2018), na África do Sul, as mulheres em casamentos poligâmicos apresentaram as seguintes vantagens da poligamia:

. Disseram-lhe que as mulheres casadas com um homem se ajudam mutuamente nas tarefas domésticas.

. A poligamia dá-lhes a oportunidade de conviverem com outras mulheres do mesmo agregado familiar. Isto garante que nunca lhes falta companhia.

. Uma mulher numa relação poligâmica pode fazer outras coisas, como arranjar emprego, porque os seus filhos serão cuidados pelas suas co-esposas.

. As mulheres defendem que os casamentos poligâmicos lhes permitem iniciar os seus próprios pequenos negócios, como por exemplo comprar roupa na cidade e depois vendê-la nas zonas rurais com lucro. Enquanto estão a vender roupa nas zonas rurais, uma coesposa está a tomar conta da casa na cidade.

. As mulheres em casamentos polígamos ajudam-se mutuamente a criar os filhos. Um exemplo é quando uma mulher é empregada doméstica em Joanesburgo. Ela pode deixar os seus filhos com as suas co-esposas nas zonas rurais. As pessoas das zonas rurais consideram normalmente que as zonas urbanas não são ambientes adequados para criar os filhos. Os ambientes urbanos geralmente corrompem as crianças porque as expõem à cultura ocidental permissiva. Esta cultura ocidental permissiva encoraja-as a abandonar o seu modo de vida tradicional e, normalmente, acabam por ter problemas sociais.

De acordo com White e White (Castrillo, 2006), nos EUA, os mórmones citaram os seguintes benefícios da poligamia:

. A poligamia daria a todas as mulheres a oportunidade de se casarem e terem filhos.

. A poligamia eliminaria as mulheres solteiras que eram normalmente vítimas de exploração sexual e económica.

. Os mórmones acreditavam que a poligamia ajudaria a acabar com a prostituição e o abandono das crianças pelos pais.

. De acordo com Joseph (Castrillo, 2006), outros pensavam que a poligamia permitia às mulheres ter uma vida mais liberal, porque num casamento poligâmico há muitas mulheres para ajudar a cuidar das crianças.

. Acreditava-se também que a poligamia seria muito útil para as mulheres de carreira, porque não teriam de se preocupar em ir para casa cuidar dos maridos e dos filhos depois do trabalho. Assim, a poligamia ajudaria as mulheres empregadas a concentrarem-se mais no seu trabalho. No Vietname, segundo Tracy (Castrillo, 2006), onde a poligamia não é uma prática religiosa ou cultural, permitiu que as mulheres se casassem e tivessem filhos. Havia falta de homens, uma vez que muitos deles tinham sido mortos na guerra do Vietname. Nesse caso, a poligamia desempenhou um papel importante para garantir que as mulheres se casassem e tivessem a oportunidade de ter filhos. A poligamia foi, portanto, benéfica nesse contexto.

A poligamia contribuiu para o aumento da população na região subsariana, que outrora tinha uma população reduzida. Também ficou demonstrado que a poligamia não é um pecado, como pretendiam os missionários e as potências coloniais quando introduziram o cristianismo em África, porque a Bíblia não diz nada contra ela. Até o próprio Deus não disse nada contra a poligamia quando lidou diretamente com os judeus que a praticavam. Na sua investigação, Elbedour et al. (Castrillo, 2006) não encontraram diferenças significativas nos resultados dos testes dos adolescentes de famílias monogâmicas e dos adolescentes de famílias poligâmicas. Isto mostra que os casamentos poligâmicos não têm efeitos negativos nos filhos dessas relações. Os Mórmones praticavam a poligamia para dar a todas as mulheres a oportunidade de se casarem e terem filhos que fossem bem tratados (White e White in Castrillo, 2006). Esta prática é benéfica porque nenhuma mulher ficaria solteira e, em consequência disso, nenhuma criança ficaria sem pai. Em Siera Leone, as mulheres acreditavam que a poligamia as ajudava a neutralizar o domínio masculino (Anderson, 2018). Neutralizar o domínio masculino é benéfico para as mulheres casadas porque lhes dá a oportunidade de ter uma palavra a dizer nas coisas que afectam as suas vidas. Isto mostra que a poligamia é benéfica num contexto adequado.

Referências

Anderson, C.M. 2018. Poliginia na África do Sul. Departamento de Antropologia: Hartwick College. EUA.

Baloyi, E.M. 2013. Reflexão crítica sobre a poligamia no contexto cristão africano. Missionalia: 41.2 (164-181)

Elberdour, S. Onwuegbuzie, A.J. Caridine, C. Abusad, H. 2002. The effects of polygamous marital structures on behavioral and academic adjustment in children (Os efeitos das estruturas conjugais poligâmicas na adaptação comportamental e académica das crianças). Uma revisão exaustiva da literatura. Clinical child and family psychologyreview, volume (5)4.

Castrillo, L. (2007) "Polygamy: Uma Relação Inapropriada," Mako: NSU Undergraduate Student Journal: Vol. 1, Artigo 1. Disponível em: https://nsuworks.nova.edu/mako/vol1/iss1Z1

Hasaye, Y. e Liaw, K. L. 1997. Factores sobre a poligamia na África Subsariana. Conclusões baseadas nos inquéritos demográficos e de saúde, (XXXV-3): 293-397.

Hussein. B. 2002. Polygamy: an ethical case study (Poligamia: um estudo de caso ético). Missão em Foco: Annual Review Volume 10

James, K.S. Sekher, T.V. Govil, D. Vaithilingam, M.V. Solomon, I.A. (Eds.). 2005-06; 2015-16; 2019-21. Polygyny in India: Levels and Differentials. Casamento poligínico por coorte: IIPS

Khaya H.O e Seleti. Y.N. 2013. Sistemas Africanos de Conhecimento Indígena e relevância do ensino superior na África do Sul. Revista Internacional de Educação: Comparative Perspectives, 12(1), 30-44 iSSN 1443-1475 © 2013 www.iejcomparative.org

Mkhize, Z. e Zondi, M.B. 2015. Mulheres iluminadas e poligamia: Vozes e perspectivas do interior: Universidade de KwaZulu-Natal, África do Sul

Nkomazana, F. 1990:18. A História do Desastre da Missão de Bakololo: "Inaugurada tão auspiciosamente e terminada tão fatalmente". Tese de Mestrado em Teologia: Universidade de Edimburgo.

Olasore, R. E. 2016. A extensão da poligamia em África, um papel para a informação

Profissionais para travar a propagação? Bibliotecário de Direito: Universidade Olabisi Onabanjo Ago Iwoye Tlhapi, T. J. 2018. O conhecimento ocidental e o conhecimento indígena são bons companheiros de cama. Uma análise crítica da relação entre o conhecimento ocidental e o conhecimento indígena. Beau Bassin, Maurícia: LAP LAMBERT Academic Publishing.

MIX
Papier aus verantwortungsvollen Quellen
Paper from responsible sources
FSC® C105338

Printed by Books on Demand GmbH, Norderstedt / Germany